JN070302

ソフトウェア不具合改善手法 ODC分析

工程の「質」を可視化する

日科技連ODC分析研究会　編
杉崎眞弘・佐々木方規　著

日科技連

まえがき

　近年ますます巨大化・複雑化するソフトウェア開発において、開発現場では、短納期、低コストのプレッシャーを受けつつ、計画どおりのプロジェクト完了が求められている。しかしそれを阻害し、技術者の多大な時間と労力を費やすのが頻発する不具合に対する対応であろう。

　ソフトウェア開発において、不具合を検出・修正していくことが品質向上に貢献していると一般的に信じられてきた。確かに不具合を修正して仕様どおりに稼働することを確認するのは、品質検証作業としては必要なことではある。

　では、毎度プロジェクトの終盤で残不具合と格闘せざるを得ないのは、当然のことなのだろうか？　なぜもっと早い段階で手を打つことができなかったのか？　突き詰めて考えると、不具合を残存させてしまう「やり方」をしているのではないだろうか？　という疑問に行き着く。これはソフトウェア技術者共通の課題ではないだろうか。

　そこで考えられたのが、その「やり方」、すなわち、開発プロセスで定義された各工程作業が果たして期待どおりの実施内容になっているのか？　という工程実施の質（妥当性、的確性、十分性、その結果の信頼性）について、その工程で摘出された不具合の出方を分析することで、工程実施の「やり方の質」を「見える化」し、必要なアクションが示唆される手法、それがこのODC（Orthogonal Defect Classification）分析とその手法である。

　このODC分析は、米国IBM社の研究チームが社外発表した研究論文をもとに手法化され、社内外で成果を上げて来た手法ではあるが、米国IBM社ではこのODC分析に関する書籍を残さなかった。そのことから、興味があり試してみたいと考える多くの技術者にとって、ネット上に公開されている断片的な情報のみで試行錯誤をするしかないのが実情ではないかと認識している。

　そこで米国IBM社にてODC分析の手法化に携わった著者が、国内の技術者向けにオリジナルの考え方に沿って書き下ろしたのが本書である。本書は、ODC分析理論の理解に加えて、すぐに実務に適用できるよう事例を用いたODC分析手法の手引書としても使えるように編纂した、初のODC分析の解説書である。

　著者自身、これまで多くの社内外のプロジェクトにこのODC分析手法を適用して、その有効性と即効性を体験してきた。本書を通して、この優れた手法を一人でも多くの技術者の方々の理解を深め、実務に役立てていただきたいと、切に願っている。

2020年7月

杉崎　眞弘

本書について

■本書の目的

　本書は、Orthogonal Defect Classification（以下ODC分析）についての基礎編として、そのコンセプト、分析・評価理論と手法、実施事例について解説したもので、初学者の方々にも、一応にODC分析についての基礎的な実践知識が得られることを目的とする。

■本書の想定する読者

　ソフトウェア開発に携わる開発技術者、品質評価者、プロジェクト管理者の方々、またプロセス改善に関わる方々とする。

■本書の原典

　巻末の参考文献 [1] にある米国IBM社においてODC分析着想の論文をもとに手法化にいたる議論の成果としてのプロセスの考え方、ノウハウを加筆して、ODC分析のオリジナルを理解してもらえるように努めた。

ソフトウェア不具合改善手法ODC分析
工程の「質」を可視化する

目　次

装丁・本文デザイン＝さおとめの事務所

第1章

ソフトウェア開発の見える化について

1.1　開発現場でのよくある判断基準

　日頃、ソフトウェア開発の会話において、「ソフトウェアができました」と言われるのをよく耳にする。

　では、「ソフトウェアができました」とは、何をもっていえるのだろうか？「バグが出なくなった」ことをもって、「ソフトウェアができた」と判断するケースが多いのではないだろうか。そこには、次の条件が付随しているからであろう。

- 計画した「やるべきこと」はすべてやった。
- 見つけた不具合はすべて直した。
- その結果、テストでの不具合は出なくなった。

「どうだ！」と言わんばかりである。

　確かに、ソフトウェア開発を業務としている限り、ある意味正しい判断であるといえる。陶芸家が山に篭って、一人満足のいく焼き物ができるまで何年も、あるいは生涯をかけるのとは訳が違う。ビジネスとして期限、コストなどの制限の中では、どこかで区切りをつけなくてはならない。

　しかしながら、「どうだ！」と思って出荷した製品が、出荷後不具合を出してしまった経験は、誰しも少なからずあるのではないだろうか。

　ここで考えるべきは、上記の判断基準が間違っていたのではなく、それぞれの条件を満たしたとする事実、事象、事柄の「質」が適正であったかどうかである。それらをもう一度見直す、あるいは検証すべきではないだろうか。それ

も、出荷前、できるだけ早いうちにできていれば、大きな不具合は防げるはずである。

　例えば、1.1.1項のようなあるプロジェクトの事例について考えてみたい。

1.1.1　【事例研究1】よくある判断基準

　あるプロジェクトで、最終テスト工程であるシステムテストも終盤にさしかかっている。発見された不具合数も収束してきた(図1.1)。

　出荷判定として、適用された開発プロセスに沿って計画どおり開発・テストを進めて来て、以下のことから、「出荷可能」と判断した。

1）　各工程で定義された開発・テスト活動は、すべて完了した。

2）　摘出された不具合は、すべて修正した。

3）　摘出された不具合累計数はおおむね計画どおりの傾向を示し、

4）　新しく摘出される不具合数は収束している。

　しかしここで、図1.2のようなことがわかっていたら、その判断は果たして

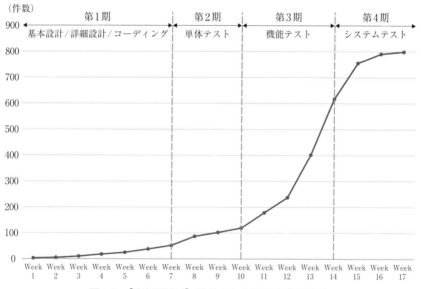

図1.1　【事例研究1】発見された不具合の累積数

揺るがなかっただろうか？

　図1.2は、開発プロセスに従って計画された開発・テストの各工程で発見された不具合を種類ごと（ここでは4つの種類）に分類し、各々の種類の件数がその工程で発見された不具合の総数に対して占める割合（%）をグラフにしたものである。

　工程は以下の4つである。

- 第1期：設計・コーディング
- 第2期：単体テスト
- 第3期：機能テスト（統合テスト）
- 第4期：システムテスト

また、不具合は以下の4つの種類に分類された。

1)　Function：機能性に関わる不具合

2)　Assignment：初期値、代入など値の設定に関わる不具合

3)　Checking：If文のような条件分岐に関わる不具合

4)　Interface：機能間連携などインターフェースに関わる不具合

　図1.2のグラフが示すことで最も目を引くのは、それぞれの工程の一番左の棒グラフに示したFunctionの割合である。Function（機能性に関わる不具合）

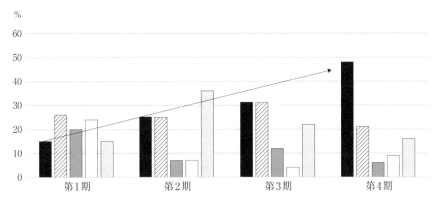

図1.2　【事例研究1】工程別不具合の出方

3

の割合は、他種類の割合の変化と異なり、工程が進むにつれ明らかに継続して増加傾向を示している。これは、「何かがおかしい？」ということである。

　この事例の詳しい分析は、第3章3.1節の「事例研究1」を参照していただくとして、まずここで問題点として述べたいのは、一見、統計的不具合件数の累積グラフ（図1.1）では収束に向かっていると思われた不具合の出方ではあるが、実は機能性に関する不具合はまだまだ出続けていて、今後も出続ける可能性を示している、ということである。

　なぜそういえるのか？　それがどのような問題なのか？　ここで指摘すべき点は、開発プロセスの観点からは、以下の2つである。

1)　機能性に関わる不具合は、設計レビュー、コード検証、単体テスト、機能テスト（統合テスト）の観点から、摘出されている（はず）。しかし、図1.2が示すとおり、開発前半での機能性の不具合の割合が他と比べて特に多くないことから、それら工程での検証が十分でなく、機能性の不具合が後工程へ残存していることを示している。

2)　そのことから、現在進行中のシステムテストにおいて、既にないはずの機能性の不具合により、システムテスト実施がしばしば妨げられ、十分なシステムテストになっていないと考えられる。

以上の考察から、この状態で出荷したら次のリスクがあると考えられる。

• 機能性の残存不具合が市場に漏れる
• システムテストの不十分さから、さらに重大なシステム障害を起こす可能性がある

それでも、出荷の判断は揺がないだろうか？

では、どうするか……。すでに図1.2で示されていることから、以下の見直しをする必要性が見えてくる。勇気ある見直しを期待したいところである。

• 設計レビューやコード検証での機能性に対するレビュー観点の見直し
• 機能テスト（統合テスト）での、検証観点、テスト項目の見直し

ここまで「よくある判断基準」の一事例として、数量による統計的手法では

見えてこなかったソフトウェアの真の開発状況、でき具合をどうしたら把握できるかについての一例を示した。つまり「ソフトウェア開発の見える化」である。この事例の詳しい評価については、第3章3.1節【事例研究1】で解説する。

1.2　ソフトウェア開発の見える化とは

　ではここで、「ソフトウェア開発の見える化」について考えてみたい。「見える化」とは、見えていないものを見えるようにすることではあるが、ここでは見えることとは、それが何を意味するかを理解できるようにすることであるとする。つまり「ソフトウェア開発の見える化」とは、分析過程から、以下の3つの発見に導くものである。

　1)　「何かがおかしい」と気づかせる。
　2)　その「何か」が何であるかを示す。
　3)　それに対して「何を」すればよいかを示唆する。
ということを求めたい。

　米国IBM社でソフトウェア品質を研究しているチーム[1]は、社内の膨大なプロジェクト情報を分析していく過程で、最初に次のことに気づいた。

「不具合は、プロセスと品質の健全性を示す効果的な診断サンプルである」

　つまり、**「不具合を分析すること」**は健康診断での血液検査とまるで同じである。血液検査により、少量の血液サンプルで人間の健康に関する正確な、また重要な情報(健康状態、危険の度合い、改善すべきライフスタイルなど)がわかる。同様に、多くのプロジェクトでのソフトウェアの不具合情報を分析してみると、次のようなよく似た診断力を提供することを発見した。

「不具合分析」の効果

- ソフトウェア品質の成熟度合いがわかる。
- ソフトウェアの特性とその複雑さを示す重要な要素が抽出できる。
- 開発プロセスの能力を捉え、そしてその有効性を評価できる。

1.3　不具合分析の特徴について

1.3.1　不具合分析の特徴と観点

　「ソフトウェア開発の見える化」については、これまで多くの研究がなされてきた。特に、ソフトウェア品質については、摘出された不具合を分析することでソフトウェアのでき具合を知ろうとするアプローチが、多くの研究の対象となっている。

　ソフトウェアの不具合分析について次のことが知られている。

---

1)　不具合は、それぞれ固有に発見されるが、その原因は固有ではない。
2)　分析が遅れれば遅れるほど（工程が進むほど）、真の原因を見出すのが難しくなる。
3)　不具合の件数が多い場合、その分析方法は単純であることが必要である。

　また、不具合分析の観点には、次のことがあげられる。

---

①　どうやって検出されたのか？
②　何が正しくなかったのか？
③　何が不具合を生じさせたのか？
④　いつ埋め込まれたのか？
⑤　なぜ早い工程で検出されなかったのか？
⑥　どうすれば防げたのか？

　ここまでで述べたことから、一般的な不具合分析は、大別して次の2種類があると思われる。それぞれの特徴は以下のとおりである。

(1)　原因分析（RCA：Root Cause Analysis）、なぜなぜ問答

　原因分析（RCA：Root Cause Analysis）、なぜなぜ問答においては、不具合

の根本原因を1つひとつ明らかにし、是正案を考える。そのため、原因分析には、不具合に対しての多くの詳細な情報が必要になる。したがって、原因分析は工数・時間・コストを要するが、細かな組織単位で実施され、組織ごとの改善にはつながる。

　なお、RCAは不具合を埋め込んだ個々人による分析が基本となる。

⑵　統計的分析：不具合成長曲線（遅れS字曲線、ゴンペルツ曲線など）

　統計的分析：不具合成長曲線（遅れS字曲線、ゴンペルツ曲線など）においては、測定対象となる要素の予想が必要となる（不具合の時系列予測）。曲線の描く傾向に焦点をあて、不具合の意味論や技術詳細は重点ではない。

　統計的分析は、ブラックボックス的な分析方法である。つまり、不具合に隠された意味的なものは、分析には現れにくい。

　しかし、リソースが適切に割り振られているか？　進捗をブロックしている問題はないか？　などの問題分析に対して統計的分析は優れている。

　原因分析と統計的分析は、それぞれの特徴を活かして目的に沿って使い分ければよい。

1.3.2　ODC分析とは

　本書では、「ソフトウェア開発の見える化」についてさらにもう一歩進めた「ODC分析」について解説する。ODC分析の不具合分析理論と分析手法については、第2章から詳しく述べるが、ここでは不具合分析の比較として、ODC分析の特徴をまず紹介する。

　ODC分析とは、ソフトウェア開発の見える化のための不具合分析理論にもとづいた手法である。ODC分析は、プロセス実施の「やり方の質」を改善することをめざして、次のような特徴を持つ。

　ODC分析は、適用する開発プロセスの特性から不具合の出方を分析する手法である。また、ODC分析で定義した属性を元に、多角的な見方で分析できる。

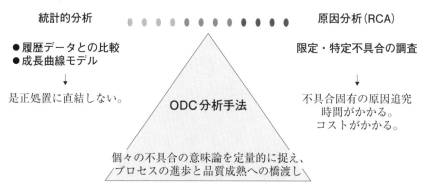

図1.3　不具合の測定・分析手法におけるODC分析手法の位置づけ

　ODC分析では、プロセスの理論的不具合分布と実際の不具合の分布を比較することで、「何かがおかしい」ことを気づかせる。そしてODC分析の結果が示唆する改善策は、個々の不具合に対してではなく、それを生み出したプロセス実施の「やり方の質」を改善するための改善策である。

　したがって、これまでの不具合分析に対して図1.3のような位置づけになる。

　ODC分析は、成長曲線のような数量的状態の統計的分析とRCAのような局所的な原因分析とのちょうど中間に位置づけられる。ODC分析は、個々の不具合の要因分析とその要因の数量的な分析という両面を持ち合わせている分析手法といえる。

1.4　ODC分析を紹介する理由

1.4.1　ODC分析の誕生

　ODC分析は、そもそも米国IBM社の基礎研究部門であるワトソン研究所（Thomas Watson Research Center, NY）で、ソフトウェア品質についての研究をしていたDr. Ram Chillaregeと彼の研究チームが、社内の膨大なプロジェクト情報を分析していて気づいた不具合と開発プロセスの関係を、1992年にIEEEで発表した論文[1]に端を発して、社内でのプロセス改善のための不具合分析として手法化された。

1.4.2 筆者とODC分析のかかわり

1992年に前述の研究チームの論文[1]を元に、分析手法化して社内展開を図ろうというタスクが始まり、Dr. Ram Chillaregeから各国IBM研究所に招集がかかり、日本からは、当時ソフトウェア品質保証を担当していた筆者が指名を受け参加した。

このタスクでは、ODC分析のコンセプトの共通理解と分析手法の標準化、および社内教育のための講師教育が行われ、修了後、筆者を含めて受講者全員は各自の部門への展開の責を担ってきた。

その後、ODC分析は長年IBM社内でプロジェクト品質の改善手法として各国研究所に普及し成果をあげてきた。筆者自身、日本の研究所にて開発するソフトウェア製品の品質検証手法の1つとして中小型システムからPC、組込システムに至るOS、アプリケーションに適用してきた。近年、社外にもサービスとしてODC分析が展開されるようになった。海外で公開されている事例として、Bellcore（元AT&T ベル研究所）でのプロセス改善への適用、またNASAでの品質改善手法としての採用例などがある。国内でも筆者自身、IBM時代からコンサルティングのソリューション手法の1つとして多くの企業や組織に紹介してきている。

しかしながら、ODC分析に関してIBM社はこれまで書籍を残さなかった。そのため、新たにODC分析を学びたい方々には、断片的なWebの情報で試行錯誤するしかない現状に対し、日本で唯一人オリジナルのODC分析を直伝された筆者の務めとして、本書を執筆する次第である。

第2章

ODC分析のコンセプト

2.1　ODC分析とは

　ODC分析のコンセプトに関する原典は、巻末に掲載した参考文献[1]である。ただ、原文はあまりに学術的すぎて実務に結び付きにくい。ここでは1.4.2項で触れた講師教育で受けた内容と筆者自身の実務経験を結びつけて解説する。ODC分析についてのコンセプトは、次の言葉から始まる。

> Defect Control is: A measurement and analysis methodology based on Orthogonal Defect Classification to gain insight and direction for improving software quality.

　ソフトウェア開発において、その進捗を妨げる主要因は不具合である。その妨げを低減するには、「不具合を抑制する(Defect Control)」ことが重要で、かつ円滑なプロジェクト運営に有効であると考える。

　ではここでいう、「不具合を抑制する」とはどういうことか。

　「プロジェクトにおいて、現状のままの「やり方の質」で推移すると、この先または次工程以降でも同じことが起こると予測・予見される不具合に対して、今、不具合を起こしている「やり方の質」に適切なアクションを取ることで、未然に防いでいく(抑制する：controlする)ことである。」が「不具合を制御する」ことと、解釈する。

　すると、上記の言葉は、次のように読める。

> 「不具合を抑制する(Defect Control)」こととは、ODC(Orthogonal Defect

Classification) にもとづいた計測と分析の方法論をもって、ソフトウェア品質改善への洞察と方向性を得ることにある。

ODCとは、**O**rthogonal **D**efect **C**lassificationの略称である。

Orthogonal (直交) という言葉は、数学関係者でない人には奇異に聞こえるかもしれない。いく人かの人たちは、直交する線を頭の中でイメージするかもしれない。「この言葉を使う理由は、1件の不具合の位置づけを説明するとき、直角に交わる壁と床で囲われた部屋の中で、ある物の位置を示すとき、壁や床からの位置を使って説明することに似ているからである」と、原典では説明している。

当初より、筆者は「直交」と解釈するより「お互いに相容れない、あるいは依存しないあり様、側面」と解釈すると、次に続く言葉との意味的つながりがよいのではないかと考えている(図2.1)。

Defect (不具合) は、以前から使われていて、「瑕疵」または「欠陥」のことを意味する。

Classification (分類) は、何かを分類(classify)するとは、決められた種類ごとに根拠を持って振り分けることである。この言葉こそ、ODCの核である。

つまり、ODCは、「お互いに依存しない側面観点からの不具合分類」と解釈

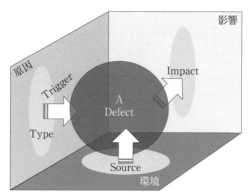

図2.1　1件の不具合とその側面との位置関係(イメージ)

できる。以上のことから、ODCの言葉が意味することは、図2.1に示すような
分析イメージと考える。この図2.1に登場する側面的な言葉については、後述
する2.5節で詳しく述べる。

この図2.1の意味することは、以下のとおりである。

**個々の不具合には、それぞれ生い立ちや素性があり個性があり、それらは独
立した3つの側面とそれぞれに属する4つの相互依存性のない要素、要因で構
成されていると考える。その1つひとつを明らかにすることで、その不具合の
成り立ちが説明できる。**

本来、ODC(Orthogonal Defect Classification)という言葉そのままで、「直
交的不具合分類」とでも訳せるが、「ODCする？」ではどうも日本語的には座
りが悪い。そこで、日本科学技術連盟(日科技連)でのODC分析研究会と同じ
く、本書では、「ODC分析」という表現を使いコンセプチュアルな考え方をさ
すときに使う。また、実際に分類、分析を実施するやり方をさすときには
「ODC分析手法」という表現にしている。

2.2 「不具合を抑制する」ことと開発プロセス改善のつながり

2.2.1 不具合抑制の考え方

ここで、不具合を抑制する(Defect Control)ことの、開発プロセス改善への
理論的つながりについて説明する。前述の研究チームの不具合研究の報告[1]と
して、次のように結論づけられている。

「意味論的に不具合を分類(classify)し、分析することによって、不具合を抑
制(Defect Control)し、適用する開発プロセスの改善への提言を生み出す可能
性があることを、探り当てることができた」

この結論に至る思考は、次の考えと裏付けから来ている。

まず、開発工程での不具合発生は、適用する開発プロセスの実施の妨げにな
ると捉える。

そこには、適切に設計された開発プロセスならば、そのとおり実施すれば不
具合は出ない(少ない)はずである、ということを前提としている。

　逆にいうと、不具合が多発するのは、不具合を生み出す「やり方」（開発プロセス実施の「やり方の質」といえる）をしているのではないかと考える。

　さらに、各工程において出てしかるべき不具合と、予期せず出た不具合とが存在する。それを見分けることで、前者は適用する開発プロセスの規定自体の妥当性・十分性が評価でき、後者は開発プロセスの規定どおりの工程活動を実施したか否か作業内容の「やり方の質」が評価できる。

　そこから、適用する開発プロセスの弱点、実施の「やり方の質」の改善すべき点に対するアクションを策定し速やかに実施することで、以降の不具合（特に予期せぬ不具合）の低減が図れる、すなわち不具合を抑制できることで、円滑な開発プロセス進捗に結びつくはずであると考える。

　例えば、設計レビュー時、ある機能の要求仕様の漏れが見つかった場合、開発プロセスで要求仕様書と比較して設計レビューを行うと規定してあれば、それは妥当と考える。しかしながら、なぜ要求仕様が設計仕様に漏れたかという事実については、開発プロセスの設計規定の十分性、あるいは要求仕様書と設計仕様書との相互確認の「やり方の質」が問われる。

　この場合、要求仕様書と設計仕様書との相互対応表の有無とか、相互確認が個人の作業なのか複数人による確認なのか、という点が検証事項となり、プロセス規程の記述改善策、あるいはプロセス実施作業の標準化対策へのつながりが想定される。

　そうした対策を実施することで、以降の要求仕様の設計漏れは抑制されると考える。

　また、システムテスト中に、機能単体の不具合が多発しテストの進捗の妨げになっている場合、その前工程である機能テストからの漏れとまず判断できる。直接的には機能テストの見直し再テストが必要ではある。しかし、プロセス規定で機能テストのカバレージ・レビューあるいはテストケース・レビューをすることになっていれば、その規定記述の十分性（データ・バリエーション、組合せなどの実施要求）の観点・基準は規定されているかが問われる。

　また、そうしたレビューの実施が規定されているにもかかわらず、実施されていなかったとなると、さらに開発マネジメントの「やり方の質」、体制が問わ

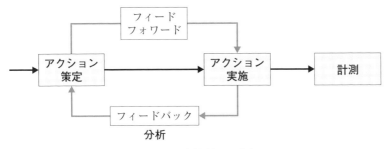

図2.2　不具合抑制への仕組み

れる。この点を改めることで、機能テストのカバレージが向上し、システムテストへの漏れは抑制できる。

2.2.2　不具合情報を開発プロセス改善に活かす

つまり、不具合対応は、直接的な修正検討のみならず、それを生み出した「やり方の質」から開発プロセスの改善点を見出し、改善に結び付けるよう検討することで、これまでの不具合を抑制でき、大きな改善が期待できる。

以上のことから、ODC分析における不具合の捉え方は、そのコンセプトにあるように、不具合を計測・分析・予測およびアクションにより、抑制できるものと考える(図2.2)。

不具合情報は、今に至るプロセス過程での実施内容の問題点とその改善のためのフィードバックとして、収集、分析、活用されるべきである。

不具合情報を分析することで、今後の工程で起こり得ることを予測・予見でき、その起こり得るリスクに対してのフィードフォワードとしてのアクション策定に役立つ。

2.3　不具合について見えてきたこと[1]

1.4.1項「ODC分析の誕生」にもあるように、米国IBM社の基礎研究部門でソフトウェア品質の研究チームが、膨大な社内プロジェクトでの不具合情報を

分析した結果、ソフトウェア不具合と開発プロセスとの関係についての“気づき”からこのODC分析の理論が生まれた。

その不具合研究チーム[1]の“気づき”、すなわち不具合について見えてきたことを、次の3つの観点から解説する。

- 開発プロセスの観点
- 不具合の持つ属性の観点
- プロセス実施の質とODC属性との関係

2.4　不具合について見えてきたこと(1)：開発プロセスの観点

開発プロセスの定義は、適用する開発対象の特徴、開発形態、企業方針などを反映してさまざまなものが存在する。しかしながら、ことソフトウェア開発という観点から見たとき、使われる用語、固有名詞は異なっても、ソフトウェアを作るという目的において、その「やるべき」手順は同じである。要求書からすぐにコードは書けないし、コードがあってもいきなりストレス・テストをする人はいないはずである。

つまり、ソフトウェア開発は段階を踏んで思考を深めていき、作るべきものを段階ごとに明確にしながら、大枠から詳細を詰めいく「やり方」は共通である。また、検証については、逆に小さい対象から始めて、大きい組合せ、全体へと検証対象を広げていくのが一般的であろう。

そこで、本書で基本とする開発プロセスの概念は、図2.3にあるV字プロセスモデル[4]である(V字プロセスモデルは、プロセスの1つのモデルであって、開発プロセスそのものではない)。

本書で基本とする開発プロセスについての考え方は、6.1節にて詳しく説明する。また、本書での工程定義は図2.4にある簡略化した工程定義による工程名を使う。

なお、本書で使うテスト工程名は、次のように同義に扱うものとする。

機能テスト＝統合テスト

ソフトウェアのシステムテスト＝総合テスト

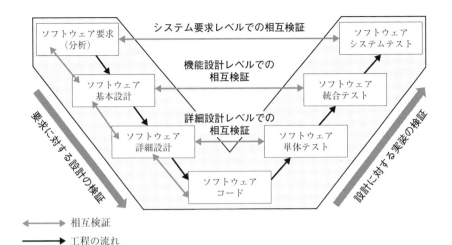

相互検証
工程の流れ

(出典)INCOSE SYSTEMS ENGINEERING HANDBOOK V.4 A GUIDE FOR SYSTEM LIFE CYCLE PROCESS AND ACTIVITIESより（著者による改変と日本語訳および加筆）

図2.3　ソフトウェア開発のV字プロセスモデル[4]

　不具合研究チーム[1]が、まず認識したのは、不具合にはライフサイクルがあるということである。図2.5にあるように、

1)　誰かが埋め込んだ不具合が
2)　開発工程での検査をすり抜けて
3)　市場に出ていく。
4)　そしてどこかで発見されて、修正を受けて収束する。

というライフサイクルである。

　このことをさらに不具合情報と照らし合わせて、さらに分析してみると、開発プロセスの実施の「**やり方の質**」が、不具合の出方にどのように影響するかがわかってきた。

　例えば図2.6は、「機能」に関わる不具合が、各工程作業実施の「やり方の質」により不具合の出方がどう変化し、品質結果に影響しているかを表したものである。

要求分析	設計 基本設計/詳細設計	コーディング	単体テスト	統合テスト (機能テスト)	システム テスト

図2.4　本書で使用するソフトウェア開発の簡略化した工程定義名

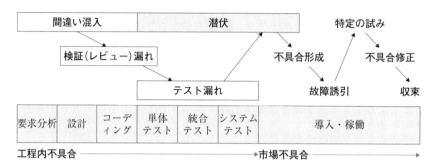

図2.5　不具合のライフサイクル[1]

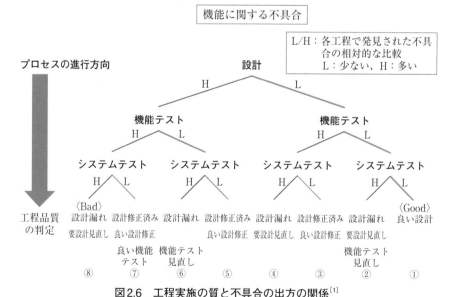

図2.6　工程実施の質と不具合の出方の関係[1]

図2.6から読み取れることは、

1)　上流工程でよく練られた設計・検証と不十分な設計・検証とでは、下流工程のテストで明らかな不具合の出方(品質)に差が出る。

2)　途中どこかの工程で手を抜くと、後工程でしわ寄せが生じる。

このことから、ODC分析で開発プロセス実施状況を的確に評価を行うためには、次のことが前提となる。

前提：開発プロセス定義に沿って、

• 各工程作業内容が計画され、実施されている。

• かつ、それら工程作業の実施内容が、開発プロセスの定義にもとづいての検証が実施されている。

その前提を満たしている工程作業の実施結果であるならば、理論的に次のような評価ができると考える。

評価

• 検証工程で、不具合は少ない程、開発プロセスの規定どおりに工程作業が行われたと評価する。

• 検証工程で不具合が多発しているのは「何かおかしい」ことが起こっていると判定する。例えば、開発プロセスの定義からの逸脱、あるいは規定に反した「やり方」誤った「やり方」で行なわれていると推察する。

以上がODC分析の評価の基本的な考え方である。

ここで、「検証工程で不具合は少ないほどよい」という評価に疑問を抱く方も多いのではないか、また、検証工程＝テストと思われている方が多いのではないだろうか。この点についてのODC分析での観点と考え方は、後述の6.2節にて、「検証」と「テスト」についての考え方を述べているので、参照されたい。

「検証工程で不具合は少ないほどよい」 という考え方に基づいて、図2.6の①から⑧の各場合について、結果論ではあるが、考察する。

①　すべての工程での不具合の出方が(L)となる場合

開発プロセスどおりに設計および検証作業が進められ、不具合が少なかったということは、よい設計がなされたと評価できる。

②　設計から機能テストでは不具合(L)で、システムテストで(H)になる場合

システムレベルの要求を設計につなげる際の検証漏れがあると判断できる。よって、要求と基本設計間の再検証、および機能テストのカバレージの見直しおよび再実施が必要である。理由は、次の2つである。

1)　要求分析で、システムレベルでの大きな要求を見落として、設計から漏れてしまい、検証対象にならないまま工程が進んだ。重大な不具合が含まれる場合が多い。

2)　機能テストでのカバレージが不足あるいは欠落していて、検証がされないままシステムテストに漏れて発見された。そのためシステムテストでその修正に追われ、本来のシステムテストの実施がかなり阻害されていると判断できる。開発遅れからテスト期間が逼迫した場合によく起こり、かえって再テストなどでスケジュール遅延を起こしてしまう。

③　設計で不具合(L)が、機能テストで(H)となり、システムテストで(L)になる場合

機能テスト実施当初にかなりの設計不具合を発見し、設計を見直し、修正を施したことにより、システムテストでの不具合が少なくなった。設計修正の英断の効果があったと考える。

しかしながら、システムテストの見直し、特に設計修正した部分の再検証は必要である。

④　設計で不具合(L)が、機能テストおよびシステムテストで(H)になる場合

設計で不具合を残存したまま、機能テストを実施し、かなりの不具合修正を行った。③と異なるのは、④では設計の見直しを行わず、そのままシステムテストを強行し、大量の不具合が出て、スケジュール遅延を起こした点である。

やはり機能テストで不具合が多発した場合は「何かおかしい」と気づき、③

の場合のように、設計の再検証を行うべきである。

⑤　**設計で不具合（H）が、機能テストおよびシステムテストで（L）となる場合**

設計レビューで多くの不具合を発見し修正したことで、設計そのものが良くなり、その効果がテストでの不具合が少なかったという結果になった。

設計レビューの重要性を示すよい例である。

⑥　**設計で不具合（H）が、機能テストで（L）となり、システムテストで（H）となる場合**

結果が⑤と異なる理由は次の2つである。

1)　まず、機能テストのカバレージが不足していたと考えられる。設計修正がかなり入っているので、まず機能テストで大きな設計漏れがないか検証すべきである。機能テストでの検証漏れ不具合がかなりシステムテストに漏れたためシステムテストで発見・修正されたことになり、本来のシステムテスト実施を阻害したと考えられる。

2)　設計レビューで多くの不具合が見つかり、要求変更、あるいは要求理解の乖離があったため、設計修正が必要になったとすると、システムレベルでなお設計修正漏れが残っていたことが考えられる。よってこの場合、機能テストのカバレージの再検証が必要ではあるが、まずは設計の再レビューを行い、設計漏れがないか検証すべきである。

⑦　**設計で不具合（H）が、機能テストで（H）となり、システムで（L）となる場合**

⑥と異なる点は、設計レビューによる設計修正に加えて、効果的な機能テストでさらに設計見直し修正が行われたことで、十分な設計修正の再検証できたことにある。

⑧　**設計で不具合（H）が、機能テストで（H）となり、システムテストで（H）となる場合**

根本的に設計が不十分であったことである。テスト実施以前の設計レベルであった。

上記の分析結果は、実際のプロジェクト情報とその出荷後の市場不具合状況

を合わせた分析であるため、結果論的ではあるがかなりの確度を持っていると考える。

　よって、上記のような分析により、プロジェクト推移がどのパターンを辿っているかによって、その先で起こり得るリスクが予測できる。さらに、予測されるリスクの顕在化を防ぐには、どのような対策が必要かが示唆できることがわかる。

　以上のことから不具合研究チーム[1]が気づいたことは、工程ごとの不具合の出方を捉えることができれば、それに対応する工程ごとの開発プロセス実施の「質」すなわち不具合を生み出す「やり方」を推察することが可能であるという逆説的な気付きが、ODC分析の分析方法論の基礎となった。

2.5　不具合について見えてきたこと(2)：不具合の持つ 属性の観点

　不具合研究チーム[1]が次に気付いたことは、前述のコンセプトで示した不具合のイメージ（図2.7）について、不具合の生い立ち、成り立ちという観点で分析してみると、**不具合は属性で分類できる**ということである。

　オリジナルのODC分析[1]では、図2.7のように**3つの側面とそれに属する4つの属性**が定義されている。

　したがって、1件の不具合は、4つの属性の相互作用によって起こっていると考える（図2.8）。

　さらに、オリジナルのODC分析[1]では、3つの側面と4つの不具合属性を図2.9のように定義している。

　3つの側面とは、1件の不具合の構成要素を大別するための直交する（依存性のない、相容れない）分類観点のことである。また、3つの側面での観点から不具合を分類するため、それぞれに属する4つの属性（Attributes）が定義されている。

1)　原因（Cause）：不具合の本質である不具合たる理由の要素
　　属性：タイプ属性（Defect Type）、トリガー属性（Defect Trigger）

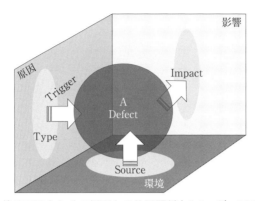

図2.7　1件の不具合とその側面との位置関係（イメージ、図2.1の再掲）

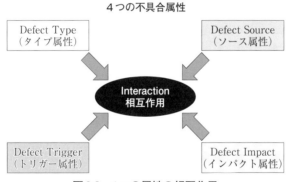

図2.8　4つの属性の相互作用

2)　環境（Environment）：不具合を生み出した具体的な素地、箇所

　　属性：ソース属性（Defect Source）

3)　影響（Effect）：不具合が利用者に与える影響

　　属性：インパクト属性（Defect Impact）

2.5.1　4つの不具合属（Attributes）

次の4つの属性（Attributes）で1件の不具合を表すことができる。

1)　**タイプ属性**（Defect Type）：プロセスに関わる不具合を示唆する属性

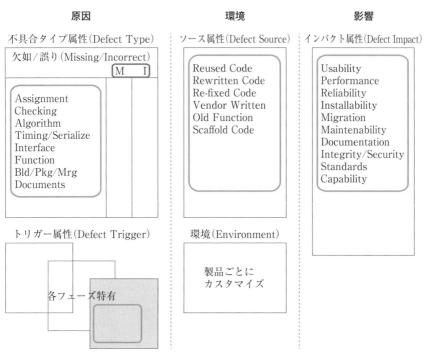

原因　　　　　　　　　環境　　　　　　　　影響

(出典)Orthogonal Defect Classification – A concept for In-process Measurement より(筆者
による日本語訳と加筆)

図2.9　ODC分析で定義する3つの側面と4つの属性[1]

2)　**トリガー属性**(Defect Trigger)：不具合を表面化した動機

3)　**ソース属性**(Defect Source)：不具合を含んでいたコードの箇所、プロ
セス

4)　**インパクト属性**(Defect Impact)：ユーザー・顧客への影響

それぞれの属性についての定義は、次のとおりである。

(1)　タイプ属性(Defect Type)

不具合の意味論理解に影響力のある属性である。意味論にもとづいて分類さ
れ、適用する開発プロセスに呼応した示唆を含んでいる。この属性には副属性
としての選択肢があり、それらをバリュー(Value)と呼び、**お互いが直交する**

（依存性がない、相容れない）。

　タイプ属性の適切なバリューの選択は、通常はその不具合修正を担当する**設計者**あるいは**不具合修正者**によって修正が完了したときに決定される。

⑵　トリガー属性（Defect Trigger）

　不具合が表面化した原因（行為・状況）を属性としトリガー（Defect Trigger）と呼ぶ。

　トリガー属性も副属性（Value）を持っており、その適切なバリューの選択は、不具合発見者である**レビューア**あるいは**テスター**によって行われる。この属性は、適用する開発プロセスの定義による**工程固有なもの**となるため、共通な副属性名はなく、適用するプロセス定義の用語になる。

⑶　ソース属性（Defect Source）

　不具合が摘出されたコード部分あるいは・適用する開発プロセスの部分を属性としてソース属性（Defect Source）と呼ぶ。

　ソース属性の持つ副属性の選択は、この不具合を**修正した設計者あるいは不具合修正者**によって決定される。

⑷　インパクト属性（Defect Impact）

　インパクト属性は、お客様（利用者、ユーザー）への影響によって分類される。この属性の副属性は適用する品質特性（ISO/IEC 25010あるいは組織独自の定義など）に従って分類される。その副属性の選択は、**レビューア**あるいは**テスター**が最もふさわしい。

　これらODC分析の4つの属性には、直接的に不具合要因を特定するための副属性（Value）が定義されており、次にそれぞれの副属性について解説する。

　ただし、本書で使用している属性に関する用語は、日本語訳を行わず、あえてオリジナルの英語用語を使用している。

2.5.2　ODC不具合属性：タイプ属性（Defect Type）

　タイプ属性は、意味論的に不具合を理解するための最も重要な属性で、これに属する副属性（Value）のオリジナルにおける定義を、表2.1に示す。

　表2.1に示したタイプ副属性の選択肢それぞれに対して「Incorrect（誤り）」または「Missing（欠如）」のタイプ属性限定子（Qualifier）を付記する。

　ODC分析では、不具合の要因として「間違えました！（Incorrect）」と「忘れてました…（Missing）」とでは意味論的に異なる要因の不具合と分類する。

　要因の観点から見たとき、Incorrect（誤り）は仕様記述、コーディング、テストケースなどの間違いによる不具合をさす。Incorrect（誤り）は進行中工程での不具合混入の場合が多く、すぐに発見されるべき不具合である。

表2.1　タイプ属性の選択肢：副属性（Value）[1]

タイプ属性の副属性	意味の説明 （実際の不具合の分類は、修正者により修正された時点でなされる）
Assignment （値の設定）	値の割り当ての誤り、あるいは欠如
Checking （条件分岐）	パラメータまたは条件文におけるデータの比較検証の誤り、あるいは欠如
Algorithm （アルゴリズム）	アルゴリズムの誤り、または欠如
Timing/Serialize （タイミング・順序）	共有リソースの制御順に関する誤り、または欠如
Interface （インターフェース）	ユーザー間、モジュール間、コンポーネント間、プロダクト間、またはH/WとS/Wの間のコミュニケーションに関する誤り、または欠如
Function （機能性）	機能性、ユーザー・インターフェース、あるいはグローバル・データ構造の誤り、または欠如
Bld/Pkg/Mrg （ビルド・パッケージ・結合）	ビルド・プロセス、ライブラリー・システム、または変更/バージョン管理に関する不具合
Documents （開発関連ドキュメント）	設計書、ユーザー・ガイド、導入マニュアル、プロローグまたはコード・コメントの誤り、または欠如

（注）上記タイプ副属性（バリュー）を1つ選択するとともに、"missing 欠如"、または"incorrect 誤り"によるものかを付記しておく。
（出典）Orthogonal Defect Classification – A concept for In-process Measurement より（筆者による日本語訳と加筆）

　Missing(欠如)は要求の見落とし、仕様の抜け、実装漏れなどによる不具合である。Missing(欠如)は混入された工程以降の工程で発見される場合が多く、プロセス規定、レビュー規定などの不備など根深い不具合である。

　個々の副属性についての定義は、次のとおりである。

⑴　Assignment

Assignmentの定義：値の割り当ての誤り、あるいは欠如による不具合

- 内部もしくは制御ブロック内の変数の値設定
- 計算式の係数
- 初期化した際の初期値設定
- 値の再設定など

例)

Missing(欠如)：コード内のパスへのポインターが初期化されていなかった(することを忘れていた)。

Incorrect(誤り)：GETMAINにおいて、誤ったsub-poolの値が設定されていた(誤った設定)。

⑵　Checking

Checkingの定義：条件比較(IF文など)において、パラメータやデータの欠如、もしくは誤り。

例)

Missing(欠如)：100以上の値は有効でない条件下で、値が100未満であることを確認する条件文が欠如していた。

Incorrect(誤り)：条件ループが9回目の繰り返しで止まるべきところを、プログラムではカウンター(WHILE文)が100以下の間は繰り返すことになっていた。

⑶　Algorithm

Algorithm定義：プログラム・アルゴリズムの欠如、もしくは誤り。

- 制御ブロックの内容、またはパラメータ・リストに制御手順の不具合が含まれていた。
- タスク効率に関わる不具合で、そのタスクのアルゴリズムを実装する前に修正すべき不具合である。

例)

Missing(欠如)：

1) パラメータ・リストのバージョン・フィールドが欠落していた。
2) メッセージは、到着次第リンクをとおしてすぐ伝達すべきところ、設計では、リンクを介するスループット改善のため、いくつかのメッセージをまとめて送らせるアルゴリズムを呼んでいた。

Incorrect(誤り)：

1) 制御ブロックのフラグが、誤ったオフセットにあった。
2) 制御ブロックのチェーンをサーチするアルゴリズムが、きわめて遅く非効率であった。

(4)　Timing/Serialize

Timing/Serialize定義：処理のタイミングあるいは順序における考慮の欠如や誤り。

- 必要な共有領域の連続性(serialization)が欠如していた。
- もしくは誤った領域が連続していた。
- あるいは間違った連続技術が使われていた。

例)

Missing(欠如)：クリティカルな制御ブロックの更新時、領域連続を失念した。

Incorrect(誤り)：階層的ロックの仕組みを採用したが、不完全なコードが指定の順番にロックをかけることに失敗した。

(5)　Interface

Interfaceの定義：コミュニケーション(情報のやり取り)の不具合。

- ユーザー間
- モジュール / コンポーネント間
- 製品間
- ハードウェアとソフトウェア間で次を経由する場合
  - マクロ
  - 呼び出し(call statements)
  - レジスター
  - 制御ブロック
- パラメータ・リスト

例)

Missing(欠如)：あるモジュールのインターフェースが、3つの入力パラメータを指定していたが、コードの指定が不完全で2つしか通らなかった。

Incorrect(誤り)：画面上の入力フィールドがプロテクトされていてユーザーが入力できない。

(6) Function

Function の定義：機能性に関わる不具合で、実装のし忘れ(欠如)あるいは間違った実装(誤り)。

この不具合は、かなりの量のコードに影響し、この不具合を修正するには、1つ以上のアルゴリズムもしくはデータ構造の修正を伴う場合が多い。

- 実装コードが設計ロジックに合っていない。
- 設計ロジックが機能仕様書、あるいは設計変更要求書の記述と合っていない。
- 機能仕様書あるいは設計変更要求書の記述が開発目的に合っていない。
- 開発目的が要求に合っていない。

例)

Missing(欠如)：機能仕様書の記述で、入力項目 / 出力項目のすべてが網羅されていなかった。漏れていたそれらの組合せを追加設計

する必要がある。

Incorrect（誤り）：複数行のメッセージを送り出す機能で、いくつかのメッセージ行が現れなかったり、間違った順番で現れた。

(7)　Bld/Pkg/Mrg（Build/Package/Merge）

Bld/Pkg/Mrgの定義：対象物のビルド・プロセス上、あるいはライブラリー・システム内、変更管理、構成管理における不具合。

例）

Missing（欠如）：修正済みコードのチェックインを忘れていた。

Incorrect（誤り）：間違ったID、あるいはCopyright情報

(8)　Documents

Documentsの定義：設計ドキュメント（要求仕様書、設計仕様書などの記述）、コードのコメント行、ユーザーズガイド、導入マニュアルなどの不具合。

設計情報や仕様書の実装誤り、漏れと混同しやすいが、それらはDefect TypeのFunctionあるいは、Interfaceの不具合である。

例）

Missing（欠如）：導入マニュアルで、導入実行前に割り当てておくべきデータセットの記述が無かったため、導入で不具合が生じた。

Incorrect（誤り）：設計仕様書で、モジュール導入部で期待する入力の記述が誤っていた。

2.5.3　ODC不具合属性：トリガー属性（Defect Trigger）

(1)　トリガー属性とは

トリガー属性とは、不具合が表面化あるいは発見された行為または条件のことである。トリガーの副属性は適用する開発プロセス規定に依存する。また、工程によってトリガー（行為）は異なる。トリガー属性は示唆を提供する（開発プロセスには直接ではないが、検証プロセスについては直接の示唆となる）。開発フェーズごとのトリガー特性と提供する示唆（例）を表2.2に示す。

表2.2　開発フェーズごとのトリガー特性と提供する示唆（例）

開発フェーズ	提供する示唆(例)
レビュー/インスペクション	レビュー・スキル
単体/統合テスト	テスト計画・戦略
システムテスト	テスト環境の強化

　トリガーの分布は、不具合の表面化とその検証作業の効果への示唆を提供するための環境を定量化するものである。

　検証作業とは、設計レビューやコード・インスペクションあるいはテスト工程をいう。不具合属性のタイプ属性とトリガー属性を組み合わせることで、適用プロセス全体の効果を示唆することができる。

　トリガー属性は、不具合を発見した行為のことを言うため、適用する開発プロセスの工程作業の定義によって異なってくる。

　以下に示す各工程でのトリガー副属性の説明は、本書の想定する一般的な開発プロセスを元にしている。

⑵　レビュー/インスペクション フェーズでのトリガー属性

　ここでいうレビュー/インスペクションとは、要求分析レビュー、設計レビュー、コード・インスペクションなど開発上流での設計情報ドキュメント、成果物のレビューを含めた検証作業をいう。

　レビュー/インスペクション フェーズでのトリガー属性には、表2.3のようなものがある。

　各トリガー属性の副属性（不具合を発見した行為）の説明は次のとおりである。

①　Design Conformance（設計の合致）

　Design Conformance（設計の合致）とは、設計仕様書のレビューやコード・インスペクションで、製品要求の理解、ロジック構造が、次のレビューの基準となるドキュメントの記述と合致しているかを検証しようとしていた場合である。

表2.3 レビュー／インスペクション フェーズでのトリガー副属性[1]

トリガー属性の副属性 （不具合を発見した行為）	事象説明
Design Conformance 設計の合致	現状の設計と、それに先立つ仕様あるいは要求とが一致しない。
Rare Situation レア・ケース	稀なケースあるいは自明ではないケースを検証していた。
Understanding details 詳細の理解 　－並行処理 　－操作の意味あい 　－Side effect（縁バグ）	仕様書／要求書の読みの不足。次の点を向上させる必要がある。 　－リソースの共有をコントロールする。 　－プログラム・ロジックの流れを理解する。 　－余計な望まない影響。
Backward Compatibility 前バージョンとの互換性	同一製品の以前のバージョンとの互換性確保。
Lateral Compatibility 水平互換性	他の（サブ）システムやサービスとの互換性確保。
Language Dependencies 言語依存性	言語特有の実装具合
Document ドキュメント記述	一貫性と完全性

（出典）Orthogonal Defect Classification – A concept for In-process Measurement より（筆者による日本語訳と加筆）

1)　要求仕様書

2)　設計仕様書

3)　アーキテクチャ設計書

4)　詳細設計書

② Rare Situation（レア・ケース）

Rare Situation（レア・ケース）とは、レビューアは、広範な経験、製品知識によるシステムの振舞いを予見しながらレビューする。経験から稀な組合せ、予期せぬ操作などに対する設計の考慮がされているか検証していた場合のことである。

③ Understanding Details（詳細の理解）

Understanding Details（詳細の理解）とは、レビューにおいて、レビューアがコンポーネントの構造や動きを、詳細に理解しようとしていた場合のことである。このトリガー副属性は、次の観点でさらに有効になる。

1) 同時性、共存性：並行処理、複数同時稼働の考慮を検証。
2) 操作手順：機能の実装に要求されるロジック・フローを意識してユーザーの操作手順で検証。
3) サイドエフェクト：不具合が見つかった際、その対応策について他の部分への影響をも検証。

④ Backward Compatibility（前バージョンとの互換性）

Backward Compatibility（前バージョンとの互換性）とは、設計仕様書と以前のバージョンの設計仕様書との機能性などの記述の不一致がないか検証していた場合のことである。

⑤ Lateral Compatibility（水平互換性）

Lateral Compatibility（水平互換性）とは、設計仕様書と他の（サブ）システムやサービスとの機能性（特にインターフェース関わる）不一致がないか検証していた場合のことである。

⑥ Language Dependencies（言語依存性）

Language Dependencies（言語依存性）とは、使用する開発言語特有の実装上の使用条件、制約、文法など、これまでの言語との違いを検証していた場合のことである。

⑦ Document Consistency（ドキュメント記述の一貫性）

Document Consistency（ドキュメント記述の一貫性）とは、ドキュメント・レビューにおいて、前後の記述あるいは関連文書との記述の一貫性あるいは不完全な部分がないか検証していた場合である。

⑶ 単体／統合テスト　計画／実行フェーズ

単体／統合テストにおいて、不具合を発見するトリガー副属性には、次のようなものがある（表2.4）。

ホワイトボックス・テスト時のトリガー副属性は以下の2つである。

① Simple Path Coverage（単純パスのカバレージ）

Simple Path Coverage（単純パスのカバレージ）とは、テストケースで、コード上での分岐の存在（IF文など）を知ったうえでの、意図した最初に実行す

表2.4　単体／統合テストにおいて、不具合を発見するトリガー副属性一覧[1]

単体／統合テストでのトリガー副属性	説明
Simple Path Coverage 単純パスのカバレージ	単純パスを一通り実行するテスト
Combination Path Coverage 組合せパスのカバレージ	すべての可能なパスを一通り実行するテスト
Test Coverage テスト項目のカバレージ	それぞれの機能単位でのテスト
Test Sequencing テスト実行順	異なる機能それぞれの実行順を考慮したテスト
Test Interaction 相互間でのテスト	相互作用をみるテスト
Test Variation テストの多様性	異なる入力項目（無効な入力を含めて）で実行するテスト
Side Effect 縁バグ	テスト目的外での、予期しない振る舞いの発生

（出典）Orthogonal Defect Classification – A concept for In-process Measurement より（筆者による日本語訳と加筆）

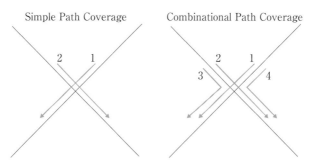

図2.10　Simple Path Coverage と Combination Path Coverage

るテストである（大通りのテスト）。

②　Combination Path Coverage（組合せパスのカバレージ）

Combination Path Coverage（組合せパスのカバレージ）のテストケースにおいては、意図的にいくつかの異なる条件を通るすべての分岐をテストする。これは Simple Path Coverage を補完するものでもある。

上記2つのトリガー副属性の意味を図にすると、図2.10のようになる。

ブラックボックステスト時のトリガーは以下のとおりである。

③　Test Coverage（テスト項目のカバレージ）

Test Coverage（テスト項目のカバレージ）は、単一の機能に対して、単一の INPUT をもって実行される意図のものである。

④　Test Sequencing（テスト実行順）

Test Sequencing（テスト実行順）は、2つ以上で独立して起動される機能に対して、ユーザー操作のように、順番付けて実行されるテストである。

⑤　Test Interaction（相互間でのテスト）

Test Interaction（相互間でのテスト）は、相互作用を持つ独立して起動される2つ以上の機能に対して、ユーザー操作のように相互作用を意図して実行されるテストである。

⑥　Test Variation（テストの多様性）

Test Variation（テストの多様性）は、1つの機能に対して、仕様を考慮したさまざまな入力値あるいはパラメータの組合せをもって実行されるテストである。

⑦　Side Effects（縁バグ）

Side Effects（縁バグ）は、意図したテストではなく、ある不具合修正の結果などで、予期していない振舞いなど新たな不具合が発生する場合である。

⑷　システムテスト　計画/実行フェーズ

システムテストにおいて、テスターが不具合を発見するトリガー副属性を、表2.5に示す。以下、それぞれについて解説する。

①　Workload Volume/Stress（負荷テスト/ストレス・テスト）

Workload Volume/Stress（負荷テスト/ストレス・テスト）とは、要求仕様での制限事項などにある、システム・リソースの限界付近（上限超え、下限超え含む）での稼働、あるいは上限値、下限値での稼働を検証するテストを実施していた。

例）

ストレージ領域が、かなり分断状態になっている場合、大量のシステムトランザクションが発生した状態において、通信相手が、たまに"アクティブ"に

表2.5　システムテストにおいて、不具合を発見するトリガー副属性一覧[1]

システムテストでのトリガー副属性	説明
Workload Volume/Stress 負荷テスト/ストレス・テスト	システム・リソースの限界付近、上限値/下限値でのテスト
Normal Mode 正常系テスト	システム・リソースの限界内での、正常系テスト
Recovery/Exception 復旧テスト/例外テスト	例外処理/エラー処理テスト、それに伴う復旧処理テスト
Startup/Restart 起動時/再起動時テスト	通常システム/サブシステムの初期化/再起動テスト
Hardware Configuration ハードウェア組合せテスト	サポートしているH/Wとの組合せテスト
Software Configuration ソフトウェア組合せテスト	サポートしているS/Wとの組合せテスト

(出典)Orthogonal Defect Classification – A concept for In-process Measurement より(筆者による日本語訳と加筆)

ならなくなる、または、しばしばポーリングがなくなる場合があり、誤ってポーリング・リストから落ちていることがある。

② Normal Mode(正常系テスト)

Normal Mode(正常系テスト)において、要求仕様にあるシステム・リソースの限界内で、正常系のテストシナリオを実施していた。

③ Recovery/Exception(復旧テスト/例外テスト)

Recovery/Exception(復旧テスト/例外テスト)については、例外処理あるいは復旧処理が有効かのテストを実施していた。テスト対象が未完成な状態では、例外が発生しても稼働すべき例外処理や復旧処理が働かない(実装されていない)場合は、不具合は表面化しないことがある。

④ Start/Restart(システム起動時/再起動時テスト)

Start/Restart(システム起動時/再起動時テスト)においては、シャットダウン、あるいはシステム終了後、正常に再起動できるかを検証するテストを実施していた。サブシステムの不具合などで、システムとサブシステムが初期化されず、不完全な立ち上がり方をする場合がある。

⑤　**Hardware Configuration**（ハードウェア組合せテスト）

　Hardware Configuration（ハードウェア組合せテスト）において、要求仕様のサポート・リストにあるすべてのH/Wとの接続を実施し、システム不具合を起こさないかを検証するテストを実施していた。

　また、例外処理の一環で、サポートしていないH/Wを接続した場合に、システム障害を起こさないかを検証していた。

⑥　**Software Configuration**（ソフトウェア組合せテスト）

　要求仕様のサポート・リストにあるすべてのS/Wとの組合せ稼働において、システム不具合を起こさないことの検証テストを実施していた。

⑸　テストにおけるトリガーとテスト工程との関係

　以上述べてきたトリガー副属性のうち、テスト工程で現れるトリガー副属性は、開発プロセスで規定された各テスト工程の目的に応じて現れる。よって、テスト工程におけるトリガー副属性との関係は表2.6のようになる。

⑹　工程を跨いだトリガー副属性同士の関連

　トリガーの副属性は、設計、コード、テストのそれぞれの工程ごとに定義されているが、それらは図2.11にあるように、工程を跨いで関連している。この関連は、設計レビュー、テストケース・レビューにおいて、設計とテストの相互検証の観点から、常に認識しておくべきことである。

　図2.11は、代表的なトリガー副属性の関連を示しているが、開発対象の特性に伴って、これら以外にも考えられる関連は存在する。

　以上トリガー属性について述べてきたが、このODC属性についての最初で図2.7で示した「ODC分析で定義する3つの側面と4つの属性」において、トリガー属性は、適用する開発プロセスに依存して存在し、工程定義で、現れ方が決まることを認識しておいていただきたい。

2.5.4　ODC不具合属性：ソース属性（Defect Source）

　不具合が発見・修正された箇所のソース・コードの開発履歴に関わる観点か

表2.6　テストにおけるトリガー副属性とテスト工程との関係[1]

単体テスト	機能テスト（統合テスト）	システムテスト
Simple Path Coverage 単純パスのカバレージ		
Combination Path Coverage 組合せパスのカバレージ		
Test Coverage テスト項目のカバレージ	Test Coverage テスト項目のカバレージ	
Test Sequencing テスト実行順	Test Sequencing テスト実行順	
Test Interaction 相互間でのテスト	Test Interaction 相互間でのテスト	
Test Variation テストの多様性	Test Variation テストの多様性	
Side Effect 縁バグ	Side Effect 縁バグ	Side Effect 縁バグ
		Workload Volume/Stress 負荷テスト / ストレス・テスト
		Normal Mode 正常系テスト
		Recovery/Exception 復旧テスト / 例外テスト
		Startup/Restart 起動時 / 再起動時テスト
		Hardware Configuration ハードウェア組合せテスト
		Software Configuration ソフトウェア組合せテスト

（出典）Orthogonal Defect Classification – A concept for In-process Measurement より（筆者
による日本語訳と加筆）

らの不具合属性を、ソース属性という。

ソース属性の副属性を表2.7に示す。

ソース属性の個々の副属性については、以下の(1)〜(7)で解説する。

(1)　Reused-Code（再利用）

Reused-Code（再利用）において、再利用ライブラリーからポーティングして

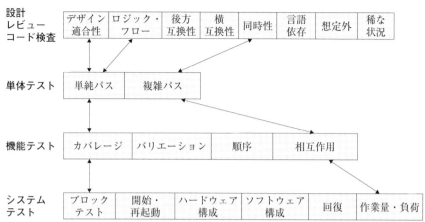

（出典）Orthogonal Defect Classification – A concept for In-process Measurement より（筆者
による日本語訳と加筆）

図2.11　工程を跨いだトリガー副属性同士の関連[1]

表2.7　ソース属性の副属性[1]

ソース副属性（開発履歴）	説明
Reused-Code（再利用）	再利用コードのライブラリーから持ってきた部分
Rewritten-Code（書き直し）	既存の部分に機能改良や仕様変更で書き直しを施した部分
ReFixed-Code（修正）	不具合修正を施したコード部分
Vendor-Written（外部作成）	協力会社から提供されたコード部分
Old-Function（旧機能 as is）	前バージョンから無修正のコード部分（不具合が潜在）
New-Function（新規）	今回新規に開発したコード部分
Scaffolded-Code（Temporally）	仮に組み込んだコード部分（場合によっては、後に削除される）

（出典）Orthogonal Defect Classification – A concept for In-process Measurement より（筆者
による日本語訳と加筆）

きたコード部分。再利用コードの使い方を誤ったか、もともとの再利用コード
が持っていた不具合が表面化した。

⑵　Rewritten-Code（書き直し）

Rewritten-Code（書き直し）において、旧バージョンなどの既存コード部分に、機能追加、機能改良、仕様変更などの理由で、書き直したことにより不具合が発生した。

⑶　ReFixed-Code（修正）

ReFixed-Code（修正）において、不具合があり修正された部分で、不具合修正を施された際に別の不具合が混入した。タイプ副属性のSide Effectに相当する不具合である。

⑷　Vendor-Written（外部作成）

Vendor-Written（外部作成）において、外部協力会社から提供を受け、採用したコード部分に不具合が混入していた。

⑸　Old-Function（旧機能as is）

Old-Function（旧機能as is）とは、既存コードの一部で、今回無修正で使用している部分のことである。再利用コードではないもので、前バージョンから潜在的に不具合あるいは不適合部分を持っていた部分である。

⑹　New-Function（新規）

New-Function（新規）とは、今回、新規に作成されたコードで、不具合が混入した部分である。

⑺　Scaffolded-Code（Temporally code・暫定コード）

Scaffolded-Code（Temporally code・暫定コード）とは、暫定的に仮に投入されたコード部分のことである。

仮の機能確認やデバッグのためなどのコード部分で、不具合が混在していた。このコード部分は、本来の改良や改修が施されれば、削除される部分なので、テスト対象コードに存在していること自体が不具合である。

2.5.5 ODC不具合属性：インパクト属性（Defect Impact）

　発見された不具合が、お客様（ユーザー）にどのような影響を与えているかを示すのが、インパクト属性である。インパクト属性は、不具合によって引き起こされるお客様への影響度合いである。したがって、この不具合の分類は、お客様側に立って評価すべきで、レビューア、テスターがふさわしい。

　オリジナル[1]ODC分析では、表2.8にあるインパクトの副属性を定義している。

　一見、品質特性の非機能要件のように見えるが、この定義は企業や組織で規定している品質特性から引用して、対象とする製品開発の特徴に合わせて再定義してもよい。

　あるいは対象製品によっては、昨今重要視されている「利用時の品質」特性（ISO/IEC 25010）も考慮すべきである。「利用時の品質」のODC分析への取り込みについては、6.4節を参照していただきたい。

表2.8　インパクト副属性の一覧[1]

インパクト副属性	説明
Usability（使用性）	理解のしやすさ、エンド・ユーザーへの受け入れやすさ
Performance（性能）	知覚できる処理の速さ、迅速な業務完了能力
Reliability（信頼性）	常に期待したとおりの機能が、確実に（障害などが起こらず）実行できる能力
Installability（導入容易性）	使おうと思うときに、すぐに導入でき、使える状態になる能力
Migration（移行容易性）	既存のデータや操作性に影響なく、新しいバージョンへの移行のしやすさ
Maintainability（保守性）	保守のしやすさ、他への影響の少なさ
Documentation（記述性）	マニュアルなどの記述が、ユーザーにとっての読みやすさ、理解しやすさの度合い
Availability（可用性）	使いたい機能が、支障なくいつでの使える度合い
Integrity/Security（保全性・セキュリティ）	不注意や故意による行為による破壊、改ざん、漏えいからシステムを守る能力
Standard（標準化）	関係する標準への準拠
Capability（機能性）	期待する機能が実行可能なこと

（出典）Orthogonal Defect Classification – A concept for In-process Measurement より（筆者による日本語訳と加筆）

2.6　不具合について見えてきたこと(3)：プロセス実施の質とODC属性との関係

　ここまで、不具合研究チーム[1]の研究成果として気づいたことは、開発プロセス実施の「やり方の質」が、開発結果に及ぼす影響は、予測可能だということである(2.4節)。

　また、1件の不具合の構成要素は、お互いに依存しない4つの不具合属性で表すことができる。その属性ごとに分類することが可能である(2.5節)。

　2.4節、2.5節においては、この2点について、述べてきた。

　ここからは、いよいよODC分析発案のヒントとなった3点目の気づきについて述べる。3点目の気づきとは、「開発プロセス実施の「やり方の質」とODC属性の出方の関係」である。

　この気づきから導き出されたのは「開発プロセス実施の「やり方の質」は、ODC分析の不具合属性の出方から読み取ることができる」ということの根拠となる「考え方」である。この「考え方」は、ODC分析の理解への核となる。

　ここで、ODC分析の不具合の捉え方についておさらいをしておこう。

　1件の不具合は、前述のとおり4つの属性の相互作用によって起こっている(図2.12、図2.8の再掲)。

　さらに、それぞれの属性の意味を加えると、ODC分析は次の図2.13のよう

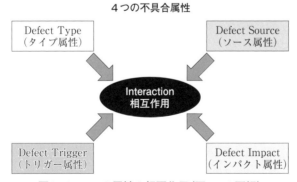

4つの不具合属性

図2.12　4つの属性の相互作用(図2.8の再掲)

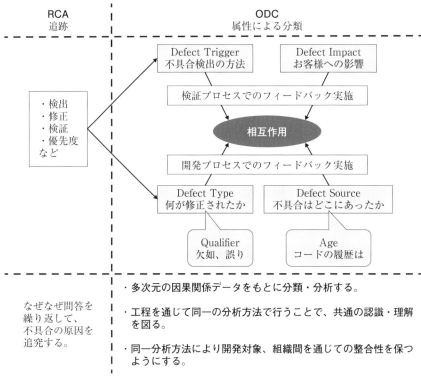

(出典)Orthogonal Defect Classification – A concept for In-process Measurement より（筆者による日本語訳と加筆）

図2.13　ODC分析の不具合の捉え方[1]

な特徴を捉えることができる。

　ODC分析の目的は、個々の不具合の真の原因を追究することではない。そもそも不具合を起こした「やり方」の示唆を得て、それを元に組織的に開発プロセスの「やり方の質」を改善することが、ODC分析の目的である。

　以上のことを再認識したうえで、開発プロセス実施の「やり方の質」とODC属性の出方の関係を吟味していきたい。

2.6.1　タイプ属性と開発プロセス工程との関係

不具合研究チーム[1]の分析によると、開発プロセスで定義されたそれぞれの工程において、かなりの比率で発生する典型的なタイプ属性（Defect Type）が明らかになっている。タイプ属性と開発プロセス工程との関係を表2.9に示す。

適用された開発プロセスで定義されている各工程での作業目的・内容に応じて、発生する（すべき）不具合のタイプ属性は、表2.9のように理論的に予測できる。また、実際それに沿った傾向を示していることが不具合研究成果[1]から裏付けられている。

表2.9に示す開発工程とタイプ属性分布の理論的妥当性を、それぞれの開発工程におけるレビュー観点にもとづいて考察してみる。

(1)　基本設計工程

基本設計レビューにおいては、タイプ副属性の「Function（機能性）」に分類される不具合が出てしかるべきとある。

なぜなら、基本設計レビューでは要求仕様と設計仕様の比較が主眼になるため、「要求仕様にあるFunction（機能性）」に対応する「設計仕様でのFunction（機能性）」の「Missing（欠如）」、あるいは要求の理解、仕様の不整合など正しさについての「Incorrect（誤り）」が発見されてしかるべきである。

表2.9　タイプ属性と開発プロセス工程との関係[1]

タイプ副属性 ＼ 工程	基本設計	詳細設計	コード	単体テスト	機能テスト 統合テスト	システム テスト
Assignment			X	X		
Checking		X	X	X		
Algorithm			X	X	X	
Timing/Serialize		X				X
Interface		X	X	X	X	X
Function	X				X	

（出典）Orthogonal Defect Classification – A concept for In-process Measurement より（筆者による日本語訳と加筆）

(2)　詳細設計工程

　詳細設計レビューにおいては、基本設計仕様をさらに詳細化、具体化した詳細仕様の妥当性、一貫性、実現可能性が主眼になる。

　そのため、機能間あるいは処理間の処理順番、処理タイミングに関わるタイプ副属性である「Timing/Serialize」、あるいは機能間のやり取りに関わる「Interface」の不具合が発見されてしかるべきである。

(3)　コード/単体テスト工程

　コード・インスペクションあるいは単体テストにおいては、コード上で一目でわかる「Assignment（値設定）」や「Checking（条件比較）」、あるいは起動をかけると動かない、動きがおかしい、予期せぬ表示が出るなど「Algorithm」や「Interface」という表面化しやすく、視覚的にも発見しやすい不具合が見つかるべきである。

(4)　機能テスト（統合テスト）工程

　設計書にある機能仕様の記述と実装されたコードとの機能の動き、振舞いの整合性を検証する機能のテストが主眼になる。

　したがって、タイプ副属性としては、「Function（機能）」の正確性、十分性あるいは「Interface（機能間連携）」、また「Algorithm（処理のアルゴリズム）」に関わる不具合が見つかってしかるべきである。

(5)　システムテスト工程

　システムテストでは、機能の検証が完了したソフトウェアシステムが、要求仕様書にある要求項目すべてを満たしているかをユーザーの立場から検証することが目的である。したがって、ユーザーの使い方、使用環境などを考慮した過負荷なストレス・ロングランテスト、操作ミスなどからのエラー復旧テスト、外部機器との接続テストなどクリティカルな状態でのソフトウェアシステムのロバストネス（堅牢性）が試されるテストになる。

　すると必然的に「Timing/Serialize」あるいは「Interface」というタイプ副

45

属性の不具合が多く発見される。

⑹　タイプ副属性には検出されてしかるべき工程がある

　以上のことから、開発プロセスと不具合のタイプ属性との関係についてこういえる。

> **タイプ副属性**には、それぞれに**検出されてしかるべき工程**がある

　「タイプ副属性には、それぞれに検出されてしかるべき工程がある」ということに着目すると、しかるべき工程以外で頻繁に検出される場合は、**「何かがおかしい？」**と考えられる。その「何か」は、開発プロセスの規定（期待）と実際のプロセス実施の**「やり方の質」**にギャップがあるということである。

　よくある例を以下に列挙する。

①　統合テスト（機能テスト）でやたらにTiming/Serializeが多い

　これは、機能が設計仕様書どおりにできているかの検証が完了しないまま、システムテストでやるべきストレス・テストを始めている。

　まだ該当する機能の不具合の修正が完了していない場合は、ストレス・テスト自体無効なので、無用に不具合件数を増やしているだけである。

②　システムテストでFunction（機能）の不具合が多い

　開発プロセスの期待は、統合（機能）テストで、摘出されているべきタイプ副属性Functionに関わる不具合が、システムテストに漏れていることを示している。統合テストの「やり方の質」を見直すべきである。

　このままシステムテストを継続しても、Function（機能）の不具合により本来のシステムテストの実行が妨げられ、妥当なテストにならない。

　さらに、不具合研究チーム[1]の分析によると、タイプ属性の限定子である「Missing（欠如）」と「Incorrect（誤り）」にも同様に開発プロセスの「やり方の質」との関係があることが示されている（図2.14）。

　これは、要求分析から基本設計、詳細設計、そしてコードに至る工程で、レビューで指摘される不具合のタイプ属性の限定子の変化である。

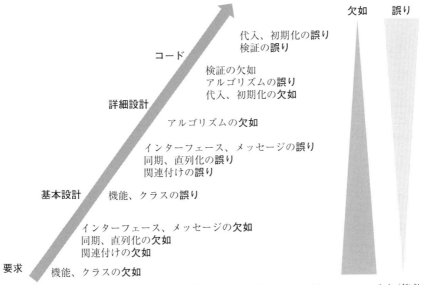

(出典) Orthogonal Defect Classification – A concept for In-process Measurement より (筆者による日本語訳と加筆)

図2.14 開発プロセスとタイプ属性限定子の関係[1]

要求分析で、要求の具体化を検討している過程では、要求の抽出漏れや要求の理解や考慮不足などで、限定子「Missing(欠如)」が多い。

しかし工程が進み、設計の詳細化やレビューが進むと、漏れや不足は減少し、当初設計したことの誤りに気づくことが増えるので、限定子「Incorrect(誤り)」が増えていく。

以上、確かに理にかなっており、またプロセスの観点から、そうあるべきことが期待されている。

(7) ODC分析のヒント

本項では以下の2つを述べてきた。

1) タイプ副属性には、それぞれに検出されてしかるべき工程がある。

2) タイプ属性の限定子は、設計が進むにつれて「Missing(欠如)」から「Incorrect(誤り)」に割合が変化していく。

この2つから、以下のODC分析のヒントが導き出せる。

> タイプ属性の出方を分析すると、プロセス実施の「やり方の質」、すなわち、どういうレビューやテストの「やり方の質」をしているのか、それが妥当なのか、が評価できる。

2.6.2　トリガー属性とレビューアの経験値との関係

レビューを実施するレビューアの知識や経験値によって、レビュー観点や視野に差が出る。

不具合研究チーム[1]は、さらにレビューアの知識・経験によるレビューの観点が、トリガー属性と関係づけられることに気づいた。

図2.15にあるように、レビューアは、自身の持つスキル領域と経験によって、それぞれ異なるレビュー観点で、異なる不具合を見つけようとしていることがわかる。

トリガー副属性(検証項目)	New/Trained (新人/見習)	Within Product (製品開発経験)	Within Project (プロジェクト経験)	Cross Product (システム開発経験)	Solution (Cross Platform) (熟練/権威)
設計の整合性を検証 ・要求仕様書 ・設計仕様書 ・アーキテクチャ設計書	×	×	×	×	×
詳細仕様の理解と検証 ・操作手順 ・影響度合い ・相互共存性		×	×	×	×
過去バージョンとの互換性		×			
関連システムとの互換性				×	
レア・ケース					×
文書記述の一貫性		×	×	×	×
開発言語の依存性	×	×			×

（出典）Orthogonal Defect Classification – A concept for In-process Measurement より（筆者による日本語訳と加筆）

図2.15　レビュー/インスペクションにおけるトリガー属性とレビューアの経験値との関係[1]

　例えば、設計の整合性の検証は、すべてのレビューアが検証しようとするが、経験の浅いレビューア(新人／見習)は、設計仕様書のみで書かれている処理の詳細の正しさを検証しようとする傾向にある。

　他方、経験のあるレビューアは、設計仕様書を検証するにも、設計仕様書の記述と、設計の元となる要求仕様書、関連する設計ドキュメントとの整合性を検証しようとする。

　図2.13の例のように、どちらもやるべき検証ではあるが、新人のみでレビューをした場合、設計仕様書の記述のみのレビューにとどまりがちで、実は設計のもとになった要求仕様との仕様解釈に不整合があっても気づけない。

　どの工程においても、レビューするときには、何をもって「よし」とするかという判断基準を、まずもってレビューア自身が持っておくべきで、多くの場合その判断基準は前工程の成果物に求めるのが、プロセス的な正しさである場合が多い。

　したがって、レビューの指摘事項が特定の範囲や仕様に集中しているような場合は、レビューア選定の妥当性を見直す必要がある。

レビューアには広範に異なる知識・経験を有するレビューアを選定して実施するのが効果的である。

　特に、過去バージョンとの互換性、関連システムとの互換性、レア・ケースについては、きわめて限定された専門知識、類似経験が要求されるので、代替がきかないレビューアもあることも認識しておく必要がある。

2.6.3 トリガー属性とテスターの経験値との関係

　さらに、不具合研究チーム[1]は、テストにおいても、テスターの持つ経験値によりテスト観点、深さが異なるため、検出される不具合のトリガー属性も異なることに気づいた。

　テスターの経験値でテストの観点・カバレージに違いや差が出てくることを、図2.16および図2.17に示す。

　したがって、テスト計画、テスト仕様、テスト結果などのレビューでは、経験値の異なるテスターを組み合わせて、レビュー観点、視野を広げて行うべき

トリガー副属性(検証項目)	テスター経験値	New/Trained (新人/見習)	Within Product (製品開発経験)	Within Project (プロジェクト経験)	Cross Product (システム開発経験)	Solution (Cross Platform) (熟練/権威)
ホワイトボックス・テスト						
・単純パス　カバレージ		×	×			
・複雑パス　カバレージ			×	×		
ブラックボックス・テスト						
・単一機能のカバレージ		×	×			
・単一機能のバリエーション		×	×	×		
・複数機能の実行順序				×	×	×
・複数機能の相互作用				×	×	×

(出典)Orthogonal Defect Classification – A concept for In-process Measurement より(筆者による日本語訳と加筆)

図2.16　単体/統合テストでのトリガー属性と経験値との関係

トリガー副属性(検証項目)	テスター経験値	New/Trained (新人/見習)	Within Product (製品開発経験)	Within Project (プロジェクト経験)	Cross Product (システム開発経験)	Solution (Cross Platform) (熟練/権威)
ソフトウェア構成テスト				×	×	×
ハードウェア構成テスト				×	×	×
起動・再起動テスト		×		×	×	×
エラー復旧/例外テスト			×	×	×	×
負荷テスト/ストレステスト				×	×	×
正常系テスト		×	×	×	×	×

(出典)Orthogonal Defect Classification – A concept for In-process Measurement より(筆者による日本語訳と加筆)

図2.17　システムテストのトリガー属性と経験値との関係

るべきである。

　また、こうしたことはテスター教育にも反映されるべきである。テスターの教育については、企業、組織ではあまり積極的ではないように見受けられる。多くの開発現場で見受けられることは、新人教育あるいはOJTと称して先輩からテストケースを与えられて、日々テストを実施・消化するだけの経験を重ねていることである。これでは、当人の成長はなかなか得られるものではない。

　また、テスト漏れ、不備などで不具合を出した時には、テスト責任者のみならず担当者本人も真摯に反省して、テスターとして欠けていた観点、深さ、範囲が認識できるよう指導する場が必要と考える。

2.6.4　タイプ属性とトリガー属性の関係

　不具合研究チーム[1]の研究成果として、不具合属性間の関係がある。

　本書で参照しているような一般的な開発プロセスを適用した場合、一般的に次のような属性間の関係が明らかになっている。

⑴　タイプ属性から見たトリガー属性との一般的関係

　タイプ属性から見たときのトリガー属性との関係を表すと表2.10のようになる。

表2.10　タイプ属性から見たトリガー属性との一般的関係[1]

	割り当て	チェック	アルゴリズム	機能	タイミング	インターフェース
デザイン適合性	中	中	大	大	小	大
ロジック・フロー	大	大	大	小	小	小
同時性	小	小	小	小	大	小
後方互換性	中	小	中	小	小	小
横方向互換性	中	小	中	中	中	大
副作用	中	中	中	中	中	中
稀な状況	小	小	小	小	小	小
言語依存	小	小	小	小	小	小
単純パス	大	大	中	大	小	中
複雑パス	中	中	大	中	大	大
カバレージ	大	大	中	大	小	中
バリエーション	中	中	大	中	中	中
順序	小	小	小	小	小	小
相互作用	小	中	中	中	大	大
SW構成	小	中	中	中	中	大
HW構成	小	中	中	中	中	中
負荷・作業量	中	中	大	中	大	小
起動・再起動	小	小	小	小	小	小
回復・例外	小	中	中	小	小	小
障害テスト	中	中	小	小	小	小

（出典）Orthogonal Defect Classification – A concept for In-process Measurement より（筆者による日本語訳と改変）

　このタイプ属性から見たトリガー属性の関係は、あるタイプ属性を持つ不具合は、トリガーとして何をやっているときに発見されることが多いか、あるいは少ないかの程度を大中小で示している。

(2)　トリガー属性から見たタイプ属性との一般的関係

　表2.11は、逆にトリガー属性から見たときのタイプ属性の一般的関係を表している。

　トリガー属性からタイプ属性を見たときとは、レビューやテストを行っている際に、何を目的に行った行為かをトリガー属性としたときに、発見されてしかるべき不具合のタイプ属性の出方の程度の大中小を示したものである。

　これら2つの関係図をもとにすると、レビューやテストを実施している際に、観点の妥当性、十分性の検証に役立つものである。参考にしていただきたい。

表2.11　トリガー属性から見たタイプ属性との一般的関係[1]

	デザイン適合性	ロジック・フロー	同時性	後方互換性	横方向互換性	副作用	稀な状況	言語依存	単純パス	複雑パス
割り当て	中	大	小	大	中	中	大	大	大	小
チェック	中	大	中	中	小	中	大	小	大	中
アルゴリズム	大	大	中	中	中	小	中	小	中	大
機能	大	小	中	小	中	小	小	小	大	中
タイミング	小	小	大	小	中	中	小	小	小	大
インターフェース	大	小	小	中	大	中	大	大	小	大

	カバレージ	バリエーション	順序	相互作用	SW構成	HW構成	負荷・作業量	起動・再起動	回復・例外	障害テスト
割り当て	大	中	小	小	小	小	中	中	中	大
チェック	大	中	中	中	中	中	大	中	中	大
アルゴリズム	中	大	中	小	小	小	大	大	大	中
機能	大	中	小	小	大	中	中	中	中	中
タイミング	小	中	小	大	中	大	大	小	小	小
インターフェース	小	中	中	大	大	大	小	小	中	小

（出典）Orthogonal Defect Classification – A concept for In-process Measurement より（筆者による日本語訳と改変）

第3章

ODC分析の事例研究

　これまで解説してきたODC分析のコンセプトにもとづいて、実際にプロジェクトでODC分析を適用した場合、どのように分析結果を評価するかについて、典型的な事例をとおして紹介する。

3.1 【事例研究1】よくある判断基準

　本書の第1章の冒頭で紹介した事例について、ODC分析的に再度詳しく評価してみる。

3.1.1 プロジェクト状況

　あるプロジェクトで、最終テスト工程であるシステムテストも終盤にさしかかっている。発見された不具合数も収束してきた(図3.1、図1.1の再掲)。

　適用された開発プロセスに沿って計画どおり開発・テストを進めて、以下のような結果を得て「出荷可能」と判断した。適用され開発プロセスに沿って計画どおり開発・テストを進めて来て、以下のような状態にいたっていたからである。

　1)　各工程で定義された開発・テスト活動は、すべて完了した。

　2)　摘出された不具合は、すべて修正した。

　3)　摘出された不具合検出数は、おおむね品質計画どおりの傾向を示し、

　4)　システム終盤に来て、新しく摘出される不具合数は収束している。

3.1.2 ODC分析の適用

　この段階でODC分析を適用してみると、次のような不具合のタイプ属性の

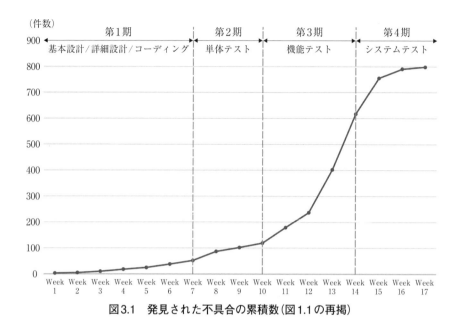

図3.1　発見された不具合の累積数（図1.1の再掲）

分布を示した（図3.2、図1.2の再掲）。

3.1.3　ODC分析での見方と評価

　この図3.2のグラフが示すことで最も目を引くのは、Function（各工程での左端）の割合の推移である（件数でなく、割合（%）であることに注意）。

　Function（機能性に関わるタイプ副属性）の割合が、他のタイプ副属性の割合の減少傾向と異なり、工程が進むにつれ明らかに継続して増加傾向を示している。

　つまり、何かおかしい。

　この事例での見方から読み取れることは、一見、統計的な不具合件数の累積グラフ（図3.1）では収束に向かっていると思われた不具合の出方ではあるが、実は機能性に関する不具合はまだまだで続けていて、**今後も出続ける可能性を示している**。

　なぜそういえるのか？　それがどのような問題なのか？

　ここで指摘すべき点は、開発プロセスの観点から、次の2点がある。

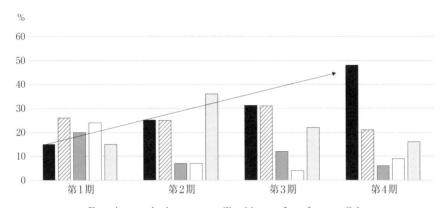

図3.2　工程別タイプ属性の分布(図1.2の再掲)

(1)　指摘1：Function(機能性)に関わる不具合の前工程からの漏れ

　Function(機能性)に関わる不具合は、設計レビュー、コード検証、単体テスト、機能テスト(統合テスト)と、これまでの工程での検証(レビュー、インスペクション)過程にて、おおむね既に摘出されている(はず)である。

　その根拠は、開発プロセスで定義されているこれまでの各工程目的が、(表現は異なるものの)おおむね次のような目的になっている(はず)だからである。

①　設計レビューでの検証目的

　設計レビューでの検証目的は、要求仕様書にある機能要求に対して、設計された機能の仕様の妥当性を、品質特性[6]などの観点から検証することである。

②　コード検証(コード・インスペクション)での検証目的

　コード検証(コード・インスペクション)での検証目的は、設計レビュー済みの設計仕様書をもとに、作成されたソフトウェアコードが、設計仕様どおりの機能(動き、振舞い)をするようになっていることを検証することである。

③　単体テストでの検証目的

　単体テストでの検証目的は、作成されたソフトウェアの機能単位(構造単位)で、設計仕様どおりの機能(動き、振舞い)が実装されており、そのとおり稼働することを検証することである。

④　機能テスト（統合テスト）での検証目的

　機能テスト（統合テスト）での検証目的は、設計仕様書をもとに作成された機能テスト仕様（テストケース）を実行して、統合されたソフトウェアの機能がそのとおり稼働することを検証することである。

　以上、4つの工程を通過してきたソフトウェアである。したがって、Function（機能性）にかかわる不具合は除去されている（はず）なので、その割合は減少傾向を示してしかるべきである。しかし、図3.2が示すとおり、工程が進むごとにその割合は増加傾向を示している。

　つまり、ODC分析の評価としては、次のようになる。

　開発前半での機能性の不具合の割合が他と比べて特に多くない。したがって、それら工程での検証が不十分で、機能性の不具合が後工程へ漏れて残存していることを示している。

---

(2)　指摘2：残存不具合（Function）によるシステムテストへの影響

　現在進行中のシステムテストにおいて、すでにないはずのFunction（機能性）の不具合により、システムテスト遂行がしばしば阻害されている。このことから、システムテストの妥当性、十分性に懸念がある。

　以上のODC分析での考察から、示唆される必要な対応策は、以下のようなものである。

(3)　示唆される対応策1

　設計工程（設計レビューやコード検証）での機能性に対するレビュー観点の見直しが必要である。以下の観点から見直す。

1)　要求仕様の詳細化の十分性
2)　要求仕様と設計仕様の整合性
3)　コード・インスペクションのレビューアの経験値

⑷　示唆される対応策2

　機能テストのカバレージの網羅性と詳細性および実施体制の検証が必要である。以下の点を検証する。

1)　機能テスト（統合テスト）での、検証観点、テスト項目が設計仕様書を網羅しているか。

2)　テスターの選定は適正か、テストの合否判定基準は正しく文書化され教育されているか。

　以上のことが、この事例のODC分析からわかる。

3.2　【事例研究2】 タイプ属性⑴：示唆する工程品質とプロセスの漏れ

　これは、不具合タイプ属性が示唆する工程実施の質から次工程への不具合の漏れを示す事例である。

3.2.1　プロジェクト状況

　基本設計でのレビューを経て、詳細設計についてのレビューを実施した。基本設計時と詳細設計時それぞれでの指摘事項を、タイプ属性による分析をして比較してみると、図3.3のようなタイプ属性の分布の推移が示された。

3.2.2　ODC分析での見方と評価

　基本設計レビューにおいて、Function（機能性）にかかわる不具合を多く発見しているのは、早期発見という意味ではよいことである。

　しかしながら、次工程の詳細レビューでも、30%はFunctionにかかわる不具合が摘出されている。

　さらに、そのFunctionにかかわる不具合のうちの1/3が、基本設計レビューで見つけるべき不具合であったことがわかった。

　ここで、評価の前提として開発プロセスの「やり方」を観点とすると、基本設計レビューは、要求仕様書をもとに基本設計の妥当性を検証する。

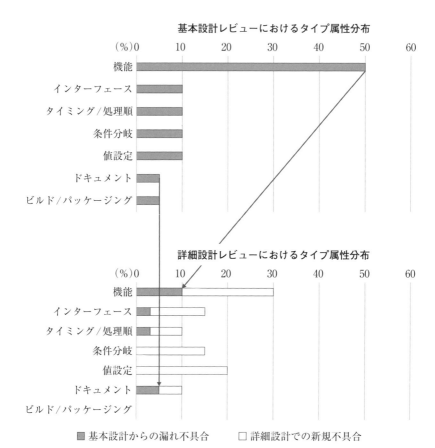

図3.3　基本設計と詳細設計でのタイプ属性による分析の比較

「詳細設計レビューは、基本設計書をもとに詳細設計の妥当性を検証する」と、プロセス定義においては定義されている(はず)である。その観点から指摘事項は次のようになる。

(1)　指摘1：基本設計から詳細設計へのレビュー「欠如」か「誤り」か

　基本設計レビューで見つけるべき不具合が、詳細設計レビューでも見つかるのは、基本設計レビューの漏れすなわち「Missing(欠如)」なのか、レビュー

の「Incorrect（誤り）」なのかをまず確認すべきである。

「Missing（欠如）」なのか、レビューの「Incorrect（誤り）」なのかによって、とるべき対策は違ってくるからである。

この点について追究すると、以下のようなことが考えられる。

① 基本設計レビュー「欠如」の場合

よくある例では、基本設計レビューの時点では、要求仕様書に「漏れた事柄」の記述がそもそもなかったので、レビューはされなかった。しかしその後、要求仕様が変更になり「漏れていた事柄」が追記された。その変更情報が詳細設計には反映された。そのため、詳細設計レビューで基本設計書との不整合が指摘され、詳細設計レビューでの基本設計レビューの漏れと判定されたのではないか。

② 基本設計レビュー「誤り」の場合

基本設計のレビューアが要求仕様あるいは基本設計書の理解を間違っていた場合である。複数のレビューア全員が間違っていたとなると、要求仕様書、あるいは基本設計書の記述内容、記述密度などが誤解を招くような記述になっていたのではないかと考えられる。あるいは、レビューアの選定に問題があったことも考えられる。

スキルレベルが同じようなレビューアばかりでレビューをすると、1つの見解が支配的になり、間違った方向へ議論が進みやすい。

以上のことから示唆される必要な対応策は、以下のとおりである。

(2) 示唆される対応策1：基本設計レビュー「欠如」の場合

日々状況が変化しがちなソフトウェア開発において、変更情報はタイムリーに開発チーム内で共有されるべきである。そのために変更管理のルールが存在する。

この事例の場合、要求仕様に変更が入ったなら、変更管理ルールにより、タイムリーにその変更情報が全設計チームに伝わるようにすべきである。基本設計レビュー完了後であっても、要求の変更の重大性を考えると、その変更にもとづいて基本設計レビューをやり直す英断をするべきである。

(3)　示唆される対応策2：基本設計レビュー「誤り」の場合

　要求仕様書に限らず設計ドキュメント類は、その品質を示すものの1つとして「正確性」と同等に「可読性」が重要である。誤解を招き、いかようにも解釈できる記述は極力避けるべきである。そうした不具合はドキュメント・レビューにて指摘すべきである。

　一方、p.48の図2.15「レビュー/インスペクションにおけるトリガー属性とレビューアの経験値との関係」で示したとおり、レビューアには、設計チーム内に留まらず、広範な知識、スキルを持ったメンバーを選定すべきである。

　ここまで開発プロセス実施の「やり方」について考えてきたところで、筆者はこの事例で最も問題にすべき指摘事項を次に示したい。

　図3.3「基本設計と詳細設計でのタイプ属性による分析の比較」を、再度ご覧いただきたい。

(4)　指摘2：機能の割合に比してドキュメントの割合が低く変化しない

　設計レビューの場合、設計仕様書のレビューも兼ねるので、30%をしめる機能の指摘に対して、ドキュメントの指摘が5%ということは、何をもって機能の指摘を行い、解決策がどういう扱いになっているのか疑問を感じる。つまり、上位ドキュメントと下位ドキュメントの比較による整合性検証が行われていない懸念がある。

　「(1)指摘1：基本設計から詳細設計へのレビュー『欠如』か『誤り』か」でも触れたが、この事例の場合、要求仕様書の変更発生が、基本設計レビューで反映されていなかった。

　それならば、変更が反映された要求仕様書はどこにあるのか、また機能の指摘を受けているが基本設計書の指摘はないのか。もし、それらがないならば、変更管理が機能していないと見受けられる。その結果、基本設計でのドキュメントの不具合が修正されないまま詳細設計に漏れていると考える。これでは、詳細設計レビューの正しさも保証できなくなる。

　よって、示唆される必要な対応策は、以下のようなものである。

(5)　示唆される対応策3：レビューには上位ドキュメントが最新か確認

　まず、変更管理、構成管理のシステム、ルールを確認して、レビュー対象の正式な最新版が共有できるようにする必要がある。

　レビューに際しては常に最新の正式ドキュメントでできるようにすべきである。

　この事例のように、基本設計レビューが完了した後で要求仕様に変更が入った場合も、「よし」としてきた工程への変更の影響は検証すべきである。変更の影響があるなら工程を遡って影響度合いをアセスして、影響する工程すべてでの再検証を検討すべきである。

3.3　【事例研究3】タイプ属性(2)：Missing と Incorrect の比率による示唆

　この事例は、タイプ属性に付随するタイプ属性限定子Missing(欠如)とIncorrect(誤り)の比率(M/I比率)から、工程実施の質の推移がわかる(M/I分析)。

3.3.1　プロジェクト状況

　基本設計レビューでは、要求仕様と比較して設計の抜け、漏れ見落とし(Missing)がないかを検証した。詳細設計では、基本設計書をもとに詳細設計の不整合(Incorrect)がないかを検証した。

　さらに、本来基本設計レビューで見つけるべき不具合が詳細設計レビューでも散見された。そこで、タイプ属性の限定子MissingとIncorrectの出方の比率を見ると、図3.4を示した。

3.3.2　ODC分析での見方と評価

　ODC分析の見方は、基本設計レビューでは、Missing(欠如)の不具合の比率が高く、詳細設計では、Incorrect(誤り)の不具合の比率が高いことを期待している。

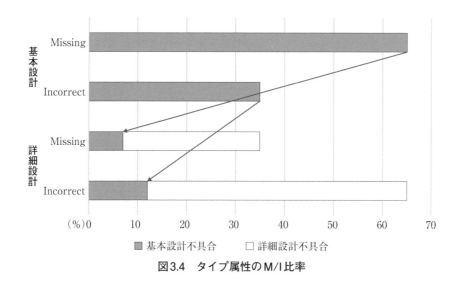

図3.4　タイプ属性のM/I比率

　図3.4では、基本設計ではMissingの不具合の比率が高く、詳細設計では、Missingが減少し、Incorrectが高くなっている。つまり、これは、正しい推移を示していると判定できる。

　詳細設計レビューで前工程の基本設計レビューで見つかるべき不具合が詳細設計に漏れてきている懸念については、基本設計レビュー時のMissingの比率（65%）に対して、詳細設計レビューに漏れた比率（7%）であることから、基本設計チームはMissingの不具合に対してかなりの設計修正を行い、再度基本設計レビューを行ったことで、詳細設計への漏れを最小限に留めたとわかる。

　よって、この事例は正しい推移を示していると判定できる。

3.4　【事例研究4】タイプ属性(3)：Missingと　　Incorrectの比率による示唆

　タイプ属性のタイプ属性限定子であるMissingとIncorrectは、前工程でのプロセス実施の「やり方の質」を如実に反映する因子でもある。

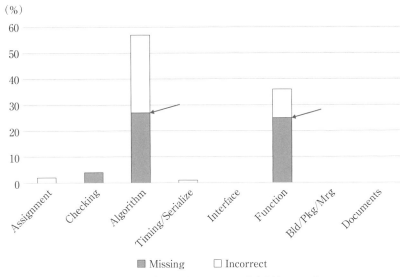

図3.5　タイプ属性ごとのM/I比率（単体テスト）

3.4.1　プロジェクト状況

　かなりタイトなスケジュールで開発を進めているプロジェクトである。設計を終えて、単体テストを開始したが、あまりの不具合の多さに、一旦テストを中断してODC分析を行うと、図3.5のとおりとなった。

3.4.2　ODC分析での見方と評価

　単体テスト工程ということで、不具合数が多いのはある程度予想できる。しかしながら、不具合の出方を分析すると設計レビューの質によっては、テストで見つけるまでもない不具合が存在していることがよくある。

　図3.5で、まず目につくのがアルゴリズム（Algorithm）の不具合の割合が突出していることである。

⑴　指摘1：アルゴリズムの不具合の多さ

　アルゴリズム（Algorithm）の不具合の多さは、詳細設計が存在していないか

不十分であることを示している。

　このことは、同時にFunction（機能性）の不具合と同調する場合が多い。この事例でも示すとおりである。

(2)　指摘2：機能性のMissingの多さ

　Function（機能性）にかかわる不具合のうちMissing（欠如）の不具合がこの工程での不具合総数の1/4（25%）を占めている。なおかつ機能性の不具合数の70%近くを占めている。このことは、設計工程またはそれ以前の要求分析工程でのレビューが不完全だったため、要求事項あるいは設計事項の見落としや考慮不足が多発していることを示している。

(3)　示唆される対応策：要求から基本設計、詳細設計への紐付け再検討

　単体テストを中断したのは正しい。このまま続行してもテストの意味をなさない。

　正しく要求が仕様化され、それが基本設計書、詳細設計書へと抜け漏れなく紐づけられることを検証すべきである。

　もし抜け漏れがあれば、工程を遡って再設計、再レビューの実施と仕様書の更新が必要である。

　そのうえで、詳細設計書の再レビューを実施すべきである。

3.5　【事例研究5】トリガー属性：プロセスの漏れによる高コスト

　開発プロセスでの定義から、各開発工程での工程作業は目的に沿ったトリガーをもって行っている。それゆえ、しかるべき不具合が発見できると考えられている。よって、検出されるトリガー属性は、潜んでいる不具合を発見するために必要な環境や条件が揃っているか否と関係が深い。

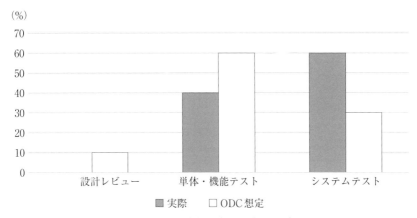

図3.6　不具合検出数の工程別比率

3.5.1　プロジェクト状況

これもタイトなスケジュールでプロジェクトが進行している。

設計作業が遅れて、十分な設計レビューもないまま、テスト工程を開始した。機能テストを十分にしないままシステムテストを開始した状況に問題がある。図3.6は、発見された不具合数の工程別の割合を示している。

3.5.2　ODC分析での見方と評価

システムテスト途中ではあるが、明らかに設計工程からの不具合の漏れが十分に機能テストで検出できず、システムテストに漏れて発見されていることを示している。

⑴　指摘：開発プロセスの期待とは乖離した出方をしている

システムテストでの不具合摘出量から、設計工程からの不具合の漏れにより、本来、機能テスト以前で発見可能な不具合をシステムテストで発見していると見える。このことは、システムテストでやるべきシステムレベルのテストに行き着く前に、不具合により途中で実施できなくなっていることを示している。

さらに、設計レビューや機能テストでの作業コストに対して、システムテス

トでは接続機器の調達や他システムの使用などでコストのかかるテストになっているにもかかわらず、初歩的な前工程で見つかるべき不具合を高コストで発見していることになる。

⑵　示唆される対応策：機能テストを再度やり直す

　機能テストを再度やり直す。タイトなスケジュールではあるが、このままシステムテストを続けても、継続して高コストな不具合を見つけるだけで、本来のシステムテストの進捗につながらないと考える。

　システムテストの障害となる不具合を摘出することが、まずやるべきことである。

3.6　【事例研究6】ソース属性⑴：ソース・コードの素性に着目

　ソース・コードは、その開発履歴と残存不具合を持っている。しかしながら、新規開発コードは誰もが注目するが、もともと持っていたベース・コード部分にはあまり注意が払われないのが一般的である。よって、不具合が摘出された箇所のソース・コードの開発履歴の観点は必要である。

3.6.1　プロジェクト状況

　この開発プロジェクトは、すでにリリース1（R1）として出荷されており、その機能拡張としてのリリース2（R2）がほぼ開発工程が完了した状態である。

　リリース1とリリース2のソース属性によるODC分析結果を比較してみると、図3.7に示すとおり、ほぼ同じソース属性分布になっているので、同等品質と判断している。

3.6.2　ODC分析での見方と評価

　R2はR1とほぼ同じ比率でソース属性の不具合分布を示しているが、これをR2がR1と同等なコード品質レベルと見るべきではない。

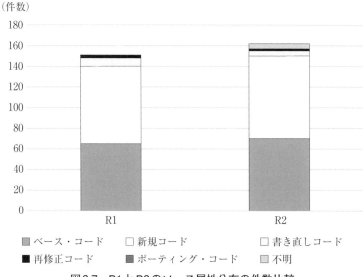

図3.7　R1とR2のソース属性分布の件数比較

　注目すべきは、ベース・コード部分からの不具合の割合が、R1、R2ともに40%を超えているということである。

　そのことは、ベース・コード部分には、R1のときに摘出されず残存していた不具合が、R1で摘出された不具合数と同数以上R2時点でも残存していたという事を意味している。

　これまでベース・コード部分に注意が払われて来なかったのか、あるいは新規開発部分との不整合による不具合は、すべてベース・コードの不具合とされている可能性がある。

⑴　指摘：新規開発部分のみならず、ベース・コード部分の再検証が必要

　派生開発、拡張開発の場合、とかく新規開発部分は注意が払われる。しかし、もともとあったベース・コード部分の設計仕様が、新規開発部分の仕様と整合性があるかの設計検証がおろそかにされてきた可能性がある。

ベース・コード部分の設計仕様が、新規開発部分との仕様整合性についての設計検証は必ず行うべきことである。

⑵　示唆される対応策：関連するベース・コードの仕様との整合性を再検証

ベース・コード部分は、まったく検証されていなかったとは考えにくいが、不具合数の割合から、検証の観点が不足していたのではないかと考える。

変更や拡張で追加となった新規開発部分の仕様と、関連するベース・コードの仕様との整合性を再検証すべきである。

3.7　【事例研究7】ソース属性⑵：ソース・コードの素性に着目

この【事例研究7】も不具合が摘出された箇所のソース・コード開発履歴の観点にかかわるものである。

3.7.1　プロジェクト状況

拡張開発の基本設計が完了し、詳細設計のレビューを兼ねてコード・インスペクションを並行して行なった。

すると、基本設計レビューで見つかるべき不具合が詳細設計に多く漏れていることが、コードと詳細仕様書を付き合わせることで判明した。

この時点でのソース属性によるODC分析結果を、図3.8に示す。

3.7.2　ODC分析での見方と評価

上段の基本設計レビューでの不具合の多くはNew-Function(新規機能)に集中して、かつMissing(欠如)に分類されている。

しかも、基本設計レビューで見つかるべき不具合が、詳細設計レビューで多く見つかっている。

詳細設計書とコードを突き合わせると、突出してRewritten-code(書き直し)

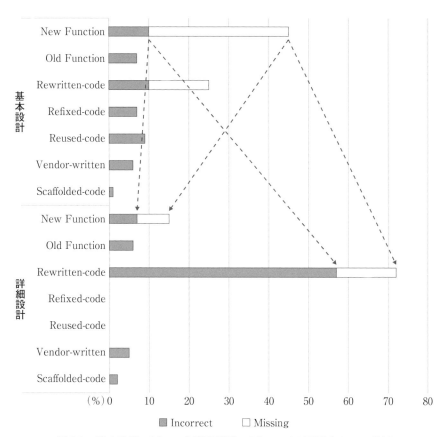

■ Incorrect   □ Missing

図3.8 基本設計レビューと詳細設計レビューでの不具合のM/I分析

に集中していて、かつIncorrect(誤り)に分類されている。これは、詳細設計
レビューで摘出された不具合のコード上での修正結果と考えられる。そのうち
のIncorrect(誤り)の多さと、依然Missing(欠如)が出ていることから、設計、
特に基本設計の要求分析からの見直しが必要と考える。

⑴　指摘：設計レビューで、Missing（欠如）が多いのは基本設計での要求の見落としが主因

　設計レビューで、Missing（欠如）が多いのは基本設計での要求の見落としが主因だということが、このケースに対する指摘である。

⑵　示唆される対応策：設計でのMissingは、要求から見直す

　要求分析から基本設計に取り込むべき事項の抜け漏れを再度検証すべきである。さらに、基本設計レビューにて、要求事項の突き合わせをやり直す。

3.8　【事例研究8】インパクト属性⑴：お客様へのインパクトの属性分析

　開発工程内不具合、あるいはお客様からの不具合報告を分析して、不具合のお客様への影響要因と設計考慮の不足を探る。これをインパクト属性分析という。

3.8.1　プロジェクト状況

　2つのコンポーネントAとBについて、お客様から報告された不具合についてインパクト属性分析を行うと、図3.9のようになった。

　ここでのインパクト属性の副属性は、この組織でお客様満足度の品質指標として定義しているものである。

3.8.2　ODC分析での見方と評価

　コンポーネントAとコンポーネントBは非常に異なるプロファイルであることがわかる。

　コンポーネントA：お客様は、機能性（Capability）に不十分さを感じている。

　コンポーネントB：お客様は、機能性（Capability）の不十分さに加えて信頼性（Reliability）と使い勝手（Usability）に不満を感じている。

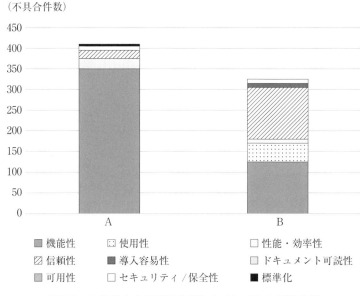

（不具合件数）

図3.9　お客様からの不具合報告のインパクト属性分析

凡例:
- ■ 機能性
- ▨ 使用性
- □ 性能・効率性
- ▨ 信頼性
- ■ 導入容易性
- □ ドキュメント可読性
- ■ 可用性
- □ セキュリティ/保全性
- ■ 標準化

(1)　指摘：お客様満足度向上には、非機能要件の満足度が重要

　お客様満足度向上には、非機能要件の満足度が重要である。機能性の充実が製品の優劣を決めるように思われるが、お客様はそれ以上に、使いやすさや安定を求めていることがわかる。

(2)　示唆される対応策：機能性の検証と非機能要件の検証

　コンポーネントAとBを比較すると、コンポーネントAは、機能性の検証が不足している。機能仕様のみならず機能に対する要求仕様そのものを見直す必要がある。

　コンポーネントBは、非機能要件の検証が不足している。おそらくシステムテストでの考慮がなかったと考えられる。

　再度、非機能要求の検証カバレージを見直して、次期開発にフィードバックすべきである。

3.9 【事例研究9】インパクト属性(2)：お客様へのインパクトの属性分析

このケースもインパクト属性分析に関するものである。開発工程内不具合、あるいはお客様からの不具合報告を分析して、不具合のお客様への影響要因と設計考慮の不足を探るためのインパクト属性分析である。

3.9.1　プロジェクト状況

基本設計と詳細設計のレビューでの指摘事項を、インパクト属性分析すると、図3.10のようになった。

3.9.2　ODC分析での見方と評価

基本設計および詳細設計のレビューでの観点に偏りが見られる。

Capability(機能性)についての指摘が突出している。一方、他のインパクト副属性の比率が低く、Performance(性能・効率性)についてはまったく指摘がない。

これは、基本設計および詳細設計でのレビューは、機能性ばかりに集中している可能性がある。

あるいは、Capability(機能性)への不具合分類にミスがあるのかもしれない。

いずれにしろ、設計レビューでのお客様視点がかけていると考える。

(1) 指摘

設計レビューにおいて、非機能要求レビューの観点に偏りがある。

(2) 示唆される対応策

設計レビューでは、要求仕様にあるなしにかかわらず、お客様の側に立って非機能要件を検証すべきである。特に、典型的なお客様の暗黙の要求になりがちなPerformance(性能・効率性)やUsability(使用性)にもフォーカスして、レビューすべきである。

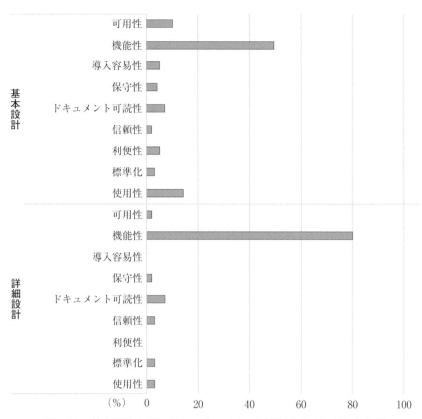

図3.10　基本設計／詳細設計レビューでの指摘事項のインパクト分析

　なお、昨今、製品品質の評価で重要視されているのが、「**利用時の品質**」である。設計者の思いと利用者(ユーザー)の期待とにギャップがあると、顧客満足度の低下を招くことがわかっている。

　そのギャップを埋めるには、設計者の認識を広げ、設計に利用時の品質を取り込むための標準規格としてISO 25000シリーズが作られている(図3.11)。「利用時の品質」については、6.4節でODC分析への取り込みとして解説しているので、参照されたい。

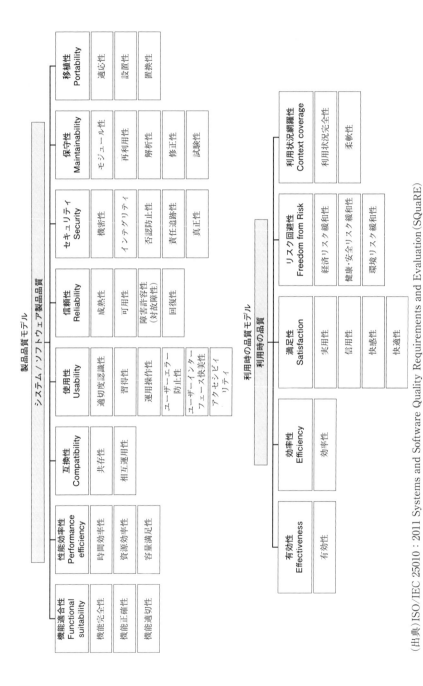

製品品質モデル

システム/ソフトウェア製品品質

機能適合性 Functional suitability	性能効率性 Performance efficiency	互換性 Compatibility	使用性 Usability	信頼性 Reliability	セキュリティ Security	保守性 Maintainability	移植性 Portability
機能完全性	時間効率性	共存性	適切度認識性	成熟性	機密性	モジュール性	適応性
機能正確性	資源効率性	相互運用性	習得性	可用性	インテグリティ	再利用性	設置性
機能適切性	容量満足性		運用操作性	障害許容性 (対故障性)	否認防止性	解析性	置換性
			ユーザーエラー 防止性	回復性	責任追跡性	修正性	
			ユーザーインター フェース快美性		真正性	試験性	
			アクセシビ リティ				

利用時の品質モデル

利用時の品質

有効性 Effectiveness	効率性 Efficiency	満足性 Satisfaction	リスク回避性 Freedom from Risk	利用状況網羅性 Context coverage
有効性	効率性	実用性	経済リスク緩和性	利用状況完全性
		信用性	健康・安全リスク緩和性	柔軟性
		快感性	環境リスク緩和性	
		快適性		

（出典）ISO/IEC 25010 : 2011 Systems and Software Quality Requirements and Evaluation（SQuaRE）

図3.11　ISO 25000における製品品質モデルと利用時の品質モデル

3.10 【事例研究10】仕様変更のテストへの影響

ソフトウェア開発において、開発工程の途中で仕様変更が入ることは多々ある。このケースは、テスト工程に入っても顧客からの仕様変更が多発した場合に、仕様変更への設計成果物の対応のズレが、テストでどのように影響として現れるかを示す事例である。

3.10.1 プロジェクト状況

受注プロジェクトにおいて、顧客の要求仕様が確定せず、暫定仕様で設計を進め、仕様変更が入るたびに設計仕様書の修正を行った。同時にユーザーズガイドも納品物であるため、ある時期からユーザーズガイドに仕様変更を入れることに集中した。テスト工程に入るにあたり、テスト仕様書をユーザーズガイドとして、単体テストではユーザーズガイドにある各機能項目の正常系テストを実施し、組合せテスト（統合テスト）では、ユーザーズガイドにあるそれぞれの機能を組み合わせた操作手順をもとに、異常系も含めたユーザーシナリオを策定したテストを実施した。その間も顧客からの仕様変更は多発し、ユーザーズガイドの変更で対応し、テストに反映して行った。

その結果、単体テスト後に実施した組合せテストで不具合が多発し、「何かおかしい」ということに気づいた。

その気づきは、図3.12にある単体テストと組合せテストでの不具合数とその内訳にある。

課題1：単体試験より組合せ試験での障害件数が増加した。

単体試験では障害86件に対して、組合せ試験では218件と大きく増加した。（ソフトウェア工学的には、単体より減るべき）

課題2：組合せ試験で単体試験相当の障害が多発した。

組合せ試験での障害218件のうち、52%が単体試験で見つかるべき障害であった。

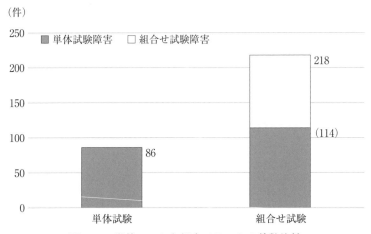

図3.12　単体テストと組合せテストの件数比較

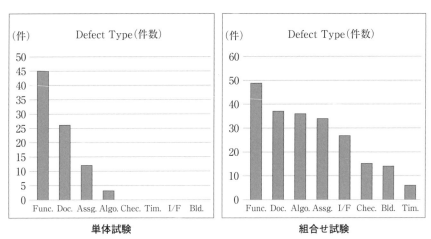

図3.13　単体テストと組合せテストでのタイプ属性分析

3.10.2　ODC分析での見方と評価

　この2点を解明すべく、単体テスト、組合せテストでの不具合を対象に、ODC分析を実施した。その結果は、図3.13のとおりである。

(1)　指摘

　図3.13のタイプ属性分析によると、不具合タイプの傾向は、単体テストでも組合せテストでもFunction/Documents/Assignmentが上位にくる。また、組合せテストで、単体テストで見つかるべき不具合が50%以上を占めることを併せて考えると、組合せテストでのシナリオ進行の過程で、単体テスト相当の障害が検出されたことになり、単体テスト仕様からの「漏れ」である。といえる。

　この単体テストからの「漏れ」の異常性は、単体テスト後にも仕様変更が入り、その改修が不十分だったため、改修漏れが組合せテストで検出されたと考えるのが妥当である。

　さらに、タイプ属性のM/I比率（MissingとIncorrectの比率）をみると仕様変更の漏れの影響が如実に現れた（図3.14）。

　単体テスト後の仕様変更による改修漏れが、このことから裏付けられる。

> 　Function、DocumentsでのMissing（漏れ残存）、Incorrect（誤りの増加）は、単体試験後に、かなりの仕様変更が入ったことを示唆している。

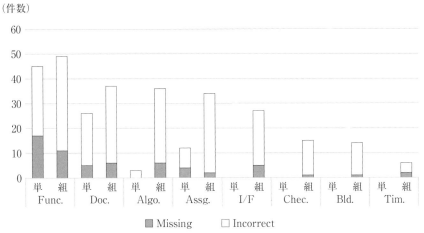

図3.14　単体/組合せテストでのタイプ属性のM/I比率

さらに、仕様変更漏れをDocuments(ユーザーズガイド)の不具合として、どの機能に集中しているかを、機能単位でのタイプ属性分析で突き止めた(図3.15)。

単体テスト、組合せテストでの各機能での不具合タイプの出方を比較してみると、単体試験では少なかったD機能での件数が飛び抜けて多い。

特にDocuments(ユーザーズガイド)の割合が多いのが、D機能、G機能、S機能、B機能、O機能の5機能である。

以上のことは、これら5機能について、仕様変更によるテスト対象コードの仕様と、テスト仕様(ユーザーズガイド)との不一致が集中していることを示唆している。

これに起因し、単体テスト時の仕様から変更が集中した5機能について、テスト仕様書であるユーザーズガイドの変更が間に合わないまま、組合せテストを実施したため、DocumentsあるいはFunctionの不具合となって、組合せテストの不具合数が急増した(事実確認済み)。

(2)　示唆される対応策

ソフトウェア開発での仕様変更はつきものである。

仕様変更を適時受け入れる方針ならば、仕様変更による影響範囲をコード修正のみならず仕様書、ドキュメント類の更新も含めて、事前レビューで防ぐべきである。

この事例の場合、単体テスト完了後の仕様変更に対して、組合せテスト開始前に、影響部分についての単体テストを再度実施すべきであったと考える。

仕様変更を認めない方針ならば、受注開発など顧客との折衝が発生するプロジェクトであっても、暫定仕様を顧客との約束事として合意し、変更は最初の開発サイクル完了後に入れて、2ndサイクルで検証するということがベストである。

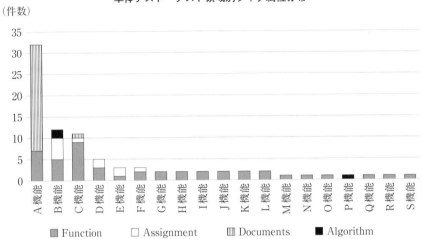

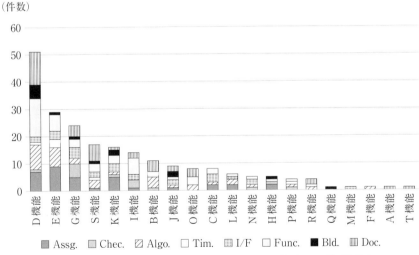

図3.15 単体/組合せテストにおけるテスト領域別タイプ属性分布

3.11　【事例研究11】テスト工程での適用効果

テスト工程で計画と大きく乖離したプロジェクト事例である。そのため、テスト対象となったシステムの品質状況を評価した。

3.11.1　プロジェクト状況

テストベンダとしてモジュール結合後のシステムに対して、機能テストからシステムテストを担当した。担当したテスト工程以前の情報は入手できず、システムの完成度が不明な状態でテストを実施した。機能テストを開始したが、3週間経過後、図3.16のようにテスト実行が予定より大きく遅延した。

今回のテスト実行の特徴は、システムの完成度が不明なことである。そのため、本格的なテストの前に、大まかに全体の機能をカバーするように基本的な動作確認を行った。欠陥の累積件数は順調に伸びている。テスト実行に対し欠陥の検出状況を図3.17に示す。

欠陥の検出状況だけで見ると欠陥が多いことがテスト実行の進捗に影響を与えていると考えられていた。テスト実行のスケジュールの遅延は、システムを

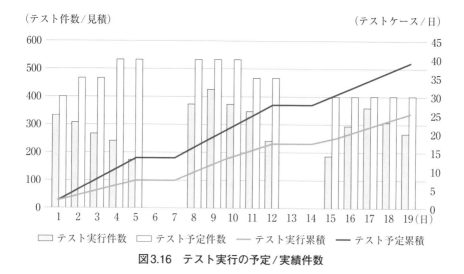

図3.16　テスト実行の予定／実績件数

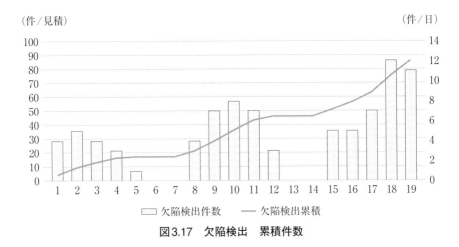

図3.17 欠陥検出 累積件数

リリースするスケジュールにも影響を及ぼすため、至急の対策が求められた。

3.11.2 ODC分析の適用

ODC分析を適用する前に、機能別の欠陥検出の状況を確認した。表3.1「機能ごとの欠陥検出状況」を見ると、欠陥が順調に検出されていることが想定できる。しかし、「機能ごとの欠陥検出状況」だけでは対策をとるための品質状況の判定は難しい。

そこでODC分析のトリガー属性を機能ごとに付与した結果を、テスト開始から1週間後(図3.18)と3週間後(図3.19)の検出状況の変化に着目して分析した。

今回のシステムは01.Main-FuncA、02.2.Sub-FuncB2、02.3.Sub-FuncB3、06.Secu-Func、07.H/W_Mon-Funcの5つの機能に大きな変更が加えられている。

3.11.3 ODC分析での見方と評価

全体を俯瞰してみると機能テストが3週間経過した時点においても、基本的な動作の確認で欠陥が検出されている。トリガー属性の基本に分類(例えば、

表3.1　機能ごとの欠陥検出状況（表中の太字は大きく変更があった機能）

機能名	1	2	3	4	5	6	7	8	9	10	11	12	13	14	15	16	17	18	19	20	21
01.Main-FuncA	2	1	2					2	3		1					1	1				
01.1.Sub-FuncA1	1	2	1		1							3									
01.2.Sub-FuncA2																				1	3
02.1.Main-FuncB	1	1		1				4	3	2									7	4	
02.1.Sub-FuncB1									2		1					1	1	1			
02.2.Sub-FuncB2										6							1			3	
02.3.Sub-FuncB3									3		1					2	2	1	1		
03.H/W_Mon-Func			1																		
04.maint-Func			1	2																	
05.Cont-Func														1							
06.Secu-Func																					
07.H/W_Mon-Func												1		1							
08.Err-Func																	1	2	2		
検出日	1	2	3	4	5	6	7	8	9	10	11	12	13	14	15	16	17	18	19	20	21

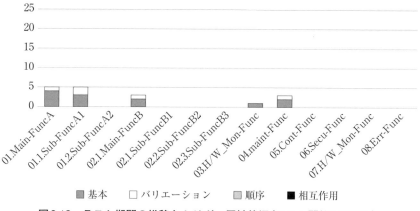

図3.18　テスト期間の推移とトリガー属性状況（テスト開始1週間後）

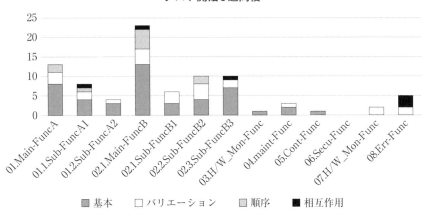

図3.19 テスト期間の推移とトリガー属性状況（テスト開始3週間後）

基本的な操作やそれに伴う動作で）される欠陥は、テスト実行をブロック（欠陥によって他のテスト項目が実施できない状態）することが多く、テスト実行のスケジュールに影響する。

次に特徴的な状況の分析を実施する。

(1) 01.Main-FuncA

01.Main-FuncAは、大きな変更があった機能であるが、テスト3週間後も基本的な動作で欠陥が検出されている。また、2つのSub機能にも影響を与えており、01.2.Sub-FuncA2は3週間目の後半で欠陥が検出（表3.11の01.2.Sub-FuncA2を参照）されていることを評価すると、テスト実行が進むとさらに欠陥が検出されると予想できる。

(2) 02.2.Sub-FuncB2、02.3.Sub-FuncB3

02.2.Sub-FuncB2と02.3.Sub-FuncB3のmain機能である02.1.Main-FuncBから多くの欠陥が検出されている。02.1.Main-FuncBはトリガー属性の"基本"に加え、"バリエーション"や"順序"でも欠陥が検出されている。

02.2.Sub-FuncB2は2週間目の後半に集中して欠陥が検出されており、テスト実行が何かの理由でその時期から実施され、欠陥の検出件数が伸びていると推測される。

3.11.4　指摘事項

システムの品質が悪いことはテスト実行の結果と欠陥の検出状況から判断できる。ただ、正確に評価するためにはタイプ属性も付与する必要がある。ここではテストプロジェクトとして対応した事項を述べる。

(1)　修正された機能と関連する機能への影響

①　実施事項

01.2.Sub-FuncA1、01.2.Sub-FuncA2および02.1.Main-FuncBは、大きな変更はないとされていたが機能テストの基本的操作で欠陥が検出されていた。この状況から、この傾向は今後も続くと予想できる。これらについて、変更するモジュールを設計する段階で既存機能への影響分析が足りないと推察し、変更された機能と関連する機能を中心にテスト実行を短期的に実施した。

テスト実施後に欠陥の検出状況を分析し、傾向が継続されていると評価された場合にはテスト実行を保留することを合意した。

②　実施結果

別スケジュールで短期のテストを実施した結果、欠陥の検出傾向に変化はなかった。このことから次の提案を行っている。

1)　テスト実行を保留と再開基準の提示

テスト実行を継続しても消化できないテスト項目が増加するため、テスト実行のスケジュール遅延の改善は見込めない。また同じ欠陥のレポートがバックログとして累積されるため、開発担当者への圧力が増加する。そのため、テスト実行が非効率になる可能性が高いと判断し、テスト実行を保留しシステムの品質改善へリソースを注力するように求めた。

さらにテスト実行を再開するための条件として、基本動作確認の実施結果の提示を依頼し、基準値をクリアすることを再開基準とした。

2) テスト実行コストの最適化

　　テスト実行を保留したことで、有効性が低いと想定されるテスト実行や欠陥レポートにかかるコストをテスト計画の見直しやテストのテスト設計書などのリソースのメンテナンスにあてることができた。

(2) 全機能を網羅するようにテストカバレッジを変更

① 実施事項

　今回のテストの実施計画は、変更対象の機能を手厚くテスト実行をするように立案していたが、テスト終了判定基準を見直し、テストカバレッジを変更した。

　また、機能ごとにユーザーに与えるインパクトなどのリスク値の分析を加え、テスト実行の順位を決定しスケジュールに反映した。

　これらに伴いシステムの開発全体を統括するマネージャに対し、スケジュールの見直しおよびリリース機能の選択を提案した。さらに、テスト組織の再配置や探索的テスト(今回の場合は、テスト担当者の経験値にもとづき欠陥の検出を重点目的としたテスト)の組み入れを提案した。

② 実施結果

　従来の欠陥の収束曲線では、結果を判定するために多くのテストの実行を継続しなければならず、コストと期間が必要とした。それに対して、この事例では、ODC分析を用いたことにより、テスト工程の早期の段階で欠陥の検出状況を考慮した見直しが実施でき、テストのコストにも寄与している。

　品質評価においては、高い信頼性が求められるケース、早期のリリースに重点が置かれるケースなど、プロダクトやプロジェクトの特性によって力点の置き方が異なる。ODC分析ではプロダクトの状況を随時確認することが可能である。そのため、効率的なプロジェクト運営にも寄与することができる。

　以上が、この事例のODC分析からわかる。

第4章

ODC分析評価の理論的裏付け

　第1章から第3章まで、ODC分析のコンセプトとその実践事例について述べてきた。

　読者の方々には、お持ちになる知識、経験もさまざまで、ソフトウェア工学を専門に学ばれた方もいれば、新人教育を習得したばかりの方もいらっしゃると思う。そうした知識、経験の違いから、本書でのここまでのODC分析の解説の中で、難解に思われたり、疑問を持たれたり、あるいはご自分の考えと異なる部分にとまどっている方も多いのではないかと推察する。

　そこで、このODC分析の核となる考え方、理論的裏付けについて解説したい。この第4章を読まれた後、再度第3章の事例研究を読み返されれば、評価への理解が深まると考える。

　まずもって、おそらく多くの方が疑問に思われていると推察する次の2点についての理論的裏付けから解説する。

1)　なぜODC分析のコンセプトから事例にあるような評価になるのか
2)　ODC分析による評価から、どうやって示唆される対応策が導き出せるのか

4.1　開発プロセス定義と不具合との関係

　開発プロセスの定義として、各工程ではそれぞれ目的・主眼、期待が定義されている。その定義どおりに実行することで、最終的に全開発工程を通じて、開発対象をあらゆる観点から設計・検証できるように設計されているはずである。

　開発プロセスは、定める企業、組織の目的に沿って、さまざまな形態、用語

で定義されていると思うが、ソフトウェア開発である限り、やるべき順番、手順は大同小異で、おおよそV字プロセスモデル[4]を基本にするものと考える。V字プロセスモデルについては、第6章6.1節「開発プロセスの『心』」を参照されたい。

　また、よく「ODC分析はアジャイルでも使えますか？」と聞かれるが、アジャイルであれ、反復開発（イテレーション・プロセス）であれ、1回1回のサイクル単位で適用・集計することで、ウォーターフォールと同じ工程目的としては対応できると考えている。

　なお、本書では、ソフトウェア開発プロセス定義の詳細については言及しないが、さらに学習されたい方には、一般化された解説書として独立行政法人情報処理推進機構(IPA)の『ESPR』[5]を参考にされるとよい。

　本書で前提とする開発プロセスの工程定義と目的を、表4.1に示す。

　表4.1の工程目的に対して、それぞれの工程でその目的が達成できたかどうかについて、検証が必要である。設計レビュー、コード・インスペクション、そしてテスト工程が検証作業にあたる。工程移行判定も、検証作業の1つと考える。

　これら各検証作業の目的は、検証する工程の目的と対応しているべきであ

表4.1　開発プロセスの工程定義と目的

開発工程	要求	設計		コード	テスト		
	要求分析要件定義	基本設計	詳細設計	コード	単体テスト	統合テスト（機能テスト）	システムテスト
工程目的	要求を分析して要求仕様書を作成する	要求仕様を分析しアーキテクチャ分析・設計を行い基本設計書を作成する	基本設計書から機能単位・構造単位の詳細設計書を作成する	詳細設計書をもとにコードを作成する	詳細設計書にもとづいてコンポーネント・単機能単位でのテストを行う	基本設計書にもとづいて求められる機能性の達成度合いをテストする	要求仕様に求められる稼動環境・使用範囲における機能要件・非機能要件をテストする
検証目的	要求に対する要求仕様書の実現可能性、妥当性、を検証する	要求仕様書をもとに基本設計の妥当性・網羅性・トレーサビリティを検証する	基本設計書をもとに詳細設計書の妥当性・網羅性・トレーサビリティを検証する	詳細設計書をもとに、作成コードが仕様書どおりかを検証する	詳細設計書をもとにコンポーネント・機能単位で仕様どおり機能するか検証する	基本設計書をもとに仕様どおりの機能性を提供しているかを検証する	要求仕様書をもとに機能要求、非機能要求、を満たしているか検証する

表4.2　タイプ属性と開発プロセス工程との関係[1]（表2.9の再掲）

タイプ副属性 ＼ 工程	基本設計	詳細設計	コード	単体テスト	機能テスト 統合テスト	システム テスト
Assignment			X	X		
Checking		X	X	X		
Algorithm			X	X	X	
Timing/Serialize		X				X
Interface		X	X	X	X	X
Function	X				X	

（出典）Orthogonal Defect Classification – A concept for In-process Measurement より（筆者による日本語訳と加筆）

る。したがって、検証作業の観点は、必然的に「工程作業内容が工程目的を達成しているかどうか」という観点になる。

したがって、検証での指摘事項、不具合は、対象となる工程目的、作業内容に対応するものになるはずである。

これが、開発プロセスと不具合との関係についての考え方である。

ここで、第2章でのタイプ属性についての表2.9を思い出してもらいたい。ここに表4.2として再掲載する。

この表4.2は、不具合研究チーム[1]が膨大なプロジェクト調査の結果から結論づけたものである。表4.2が示しているのは、各開発工程で発見されてしかるべき不具合のタイプ副属性との主たる関係である。

では、この表4.2の理論的裏付けを考えてみたい。表4.1をもとに、表4.2との関係を見ていくと、どうなるか。4.1.1項以降で解説する。

4.1.1　基本設計工程

基本設計工程の工程目的は定義された要求仕様書を分析して、要求されるシステムレベルの動き・振舞いなどの機能要求、非機能要求を具現化するためのシステム全体の設計仕様を明確にし、その機能分担や構造分担を基本設計書にまとめることである。

この目的に対して、その検証である基本設計レビューでは、要求されるシス

テムレベルの設計仕様について、以下の観点が**検証目的**となる。

1)　要求が抜け漏れなく設計されているか(網羅性)。

2)　要求を満たす妥当な設計になっているか(妥当性)。

3)　設計の根拠が要求に紐づけられているか(トレーサビリティ)。

4)　それらが、基本設計書に明確に正確に記載されているか(完全性・正確性)。

　これらの検証目的から、基本設計レビューで指摘される主たる不具合は必然的に、要求される機能の動きや振舞いに対して、基本設計仕様の機能性の欠如か誤りの不具合、つまり、「**タイプ副属性：Function(機能性)**」となる。

4.1.2　詳細設計工程

　詳細設計工程の目的は、基本設計書にもとづいて、機能分担、構造分担の単位、あるいはその組合せでの処理仕様(動き、振舞い)を、次工程でコーディング可能なレベルまで詳細化し、詳細設計書にまとめることである。

　詳細設計レビューの目的は、基本設計書の機能分担、構造分担それぞれの単位、あるいはそれらを組合せての処理内容が、基本設計の仕様どおりでコーディング可能なレベルまで詳細化されているかどうかを検証することである

　したがって、詳細設計レビューは以下のような観点にもとづいて行われる。

1)　設定値(処理前後、初期化時)

2)　処理条件(条件分岐)

3)　処理順番、タイミング

4)　機能間、構造間インターフェースの整合性

5)　組込みシステムの場合、ハードウェア制御のインターフェース、設定値の整合性

詳細設計レビューで指摘される主な不具合は、機能分担、構造分担の単位、あるいはそれらの組合せでの不整合による処理の動き、振舞いの欠如あるいは誤りの不具合である。

　ここでは、一見「タイプ副属性：Function(機能性)」に見える不具合の多くは、原因を調べると下記のタイプ副属性になることが多い。

1)　Assignment（値設定）

2)　Checking（条件分岐）

3)　Interface（インターフェース）

4)　Timing/Serialize（タイミング / 処理順番）

　ただし、値の設定（Assignment）については、この工程では設定されていることの確認にとどまる。後工程で稼働検証しないと実際その妥当性はわからないことが多いためである。

4.1.3　コード工程

　コード工程の目的は、詳細設計書をもとにソース・コード（プログラム）を作成することである。

　コード工程においては、コード・インスペクションは、作成されたコードが詳細設計書どおりにコーディングされているかどうかを検証する。

　したがって、コード工程の検証は以下の観点により行う。また、検証は、目で確認できる部分が主体となる。

1)　値設定、初期値の仕様との一貫性

2)　処理の条件分岐（IF文）の正しさ、整合性

3)　プログラム呼び出し、ハードウェア・インターフェースなどの設定値の仕様との整合性

4)　機能、構造単位でのロジック（アルゴリズム）の妥当性

5)　コーディング規約を順守しているか

6)　コードの可読性、理解容易性

　コード・インスペクションで発見されるべき不具合は、目で見える、追える設定値や条件分岐の数字項目、あるいは、処理手順、APIの呼び出し手順、制御手順など仕様との比較可能な部分などの不具合が主たるものになる。つまり、タイプ副属性の、主にAssignment（値設定）、Checking（条件分岐）、Algorithm（処理手順、ロジック）、Interface（インターフェース）である。

4.1.4　単体テスト工程

単体テスト工程の目的は、詳細設計書をもとに、機能単位、構造単位での動き、振舞いが仕様どおりかどうかを検証することである（ホワイトボックス・テスト）。

単体テスト工程検証の目的は、詳細設計書どおりに機能分担、構造分担の単位で実装され、稼働するコードになっているかどうか、また、その整合性を検証することである。

同時に、詳細設計書に記述されている仕様の妥当性も検証する。機能単位、構造単位での小さな単位での検証であるため、すべてのプログラム・パスを通るホワイトボックス・テストとなる。

したがって、検証の観点は、コード・インスペクションと同様の観点で詳細設計書記述と実際の動き、振舞いを比較して検証する。

単体テスト工程検証は、コード・インスペクションと同じ検証観点になるので、同種の不具合が主となる。

つまり、**タイプ副属性の、主にAssignment（値設定）、Checking（条件分岐）、Algorithm（処理手順、ロジック）、Interface（インターフェース）**である。ただし、テスト環境にもよるが、Interfaceに関しては限定的で、シミュレータでのテストとか画面遷移テストでの範囲になる。

4.1.5　統合テスト（機能テスト）工程

統合テスト（機能テスト）工程の目的は、機能分担、構造分担されていたすべてのソフトウェアを統合して、基本設計書の仕様記述どおりの稼働を検証することである。

統合テストの検証目的は、統合されたソフトウェアの機能が、前提となるシステム環境で基本設計書の機能仕様どおりに稼働するかを検証することである。

統合テストにおいては、基本設計書、詳細設計書を網羅した統合テスト仕様書（テストケース）に従って実施し、以下の事項を検証する。

1)　機能の網羅性

2) 機能の稼働の妥当性

3) 仕様どおりの動き、振舞いかの一貫性、完全性

4) 例外処理、エラー処理の回復性、復旧性

したがって、統合テストにおいて発見されてしかるべき主な不具合は、システム環境でのソフトウェアの動き、振舞いにかかわる基本設計書にある機能性、接続性、処理の一貫性、整合性、妥当性である。

つまり、**タイプ副属性の、主にFunction（機能性）、Algorithm（処理手順、ロジック）、Interface（インターフェース）**である。

4.1.6 システムテスト（総合テスト）工程

本書でシステムテストとは、ソフトウェアのシステムテスト（総合テスト）をさす。

システムテスト（総合テスト）工程の目的は、要求仕様書で要求されている環境で、ソフトウェアが要求仕様書にある機能要求および非機能要求を満たし、稼働することを検証することである。

システムテスト工程での検証の目的は、要求仕様書でソフトウェアに要求されている機能要求および非機能要求を満たしていることを検証することである。

ここでの検証観点は、ソフトウェア開発工程での最終のテスト工程になるため、対象ソフトウェアを実際に使用する想定ユーザーの目線、使い方を考慮したテスト、評価を行うべきである。

なお、開発現場では、非機能要求、特に性能要求に対する不具合は根が深いので、もっと上流テストで早めにテストした方がよいという方も多い。あくまで試行としてある程度の性能を見るのはよいが、最終的な性能評価は、ソフトウェアの完成度が高まったシステムテストでの結果が正式評価と考える。

また、画面遷移、画面操作などプロトタイプを作成して、ユーザーからの評価を早期に受けるのは有効な設計仕様の検証になるが、最終評価は、性能要求の検証と込みで、システムテストで行うべきである。

したがって、システムテストで発見されてしかるべき不具合は、要求される

システム環境の中でのソフトウェアの稼働における機能要求にある動き、振舞いの不具合のみにはとどまらない。システムテストでは、非機能要求にある性能（応答時間、処理能力、過負荷耐久性、エラー復旧能力など）、導入・操作・接続の容易性などユーザーの期待に対する満足度にかかわる不具合が多くなる。

　つまり、タイプ副属性の、主にTiming/Serialize（応答/処理タイミング、操作の連続性）、Interface（導入/操作/接続の容易性、画面操作/遷移の一貫性、操作マニュアルの読みやすさ）である。

表4.3　開発プロセス定義と工程不具合の関係

開発工程	要求	設計		コード	テスト		
	要求分析 要件定義	基本設計	詳細設計	コード	単体テスト	統合テスト （機能テスト）	システム テスト
工程目的	要求を分析して要求仕様書を作成する	要求仕様を分析しアーキテクチャ分析・設計を行い基本設計書を作成する	基本設計書から機能単位・構造単位の詳細設計書を作成する	詳細設計書をもとにコードを作成する	詳細設計書にもとづいてコンポーネント・単機能単位でのテストを行う	基本設計書にもとづいて求められる機能性の達成度合いをテストする	要求仕様に求められる稼動環境・使用範囲における機能要件・非機能要件をテストする
検証目的	要求に対する要求仕様書の実現可能性、妥当性、を検証する	要求仕様書をもとに基本設計の妥当性・網羅性・トレーサビリティを検証する	基本設計書をもとに詳細設計書の妥当性・網羅性・トレーサビリティを検証する	詳細設計書をもとに、作成コードが仕様書どおりかを検証する	詳細設計書をもとにコンポーネント・機能単位で仕様どおり機能するか検証する	基本設計書をもとに仕様どおりの機能性を提供しているかを検証する	要求仕様書をもとに機能要求、非機能要求を満たしているか検証する
予想される （期待される） 不具合	機能性の欠如か誤り、制約事項の充足性の不具合	機能分担単位での処理の動き、振舞いの欠如あるいは誤りの不具合	設定値や条件分岐の数字項目、処理順、APIの呼び出し手順、制御手順の仕様不具合	設定値や条件分岐の数字項目、処理手順、APIの呼び出し手順、制御手順の実装不具合	システム環境での機能性、接続性、処理一貫性、整合性、妥当性の不具合	機能要求、非機能要求におけるユーザーの期待に対する満足度に関わる不具合	
予想される （期待される） 主たる タイプ副属性		（Assignment）	Assignment	Assignment			
		Checking	Checking	Checking			
			Algorithm	Algorithm	Algorithm		
		Timing/ Serialize					Timing/ Serialize
		Interface	Interface	（interface）	Interface	Interface	
	Function					Function	

　以上これまでのことを関連づけると、開発プロセスと各工程での不具合の関係は、表4.3のようになる。

4.2　開発プロセス定義とODC分析との関係

　4.1節では、開発プロセスでの工程定義に対してどのような不具合が予想されるか(発見されてしかるべきか)を見てきた。

　その背景にある開発プロセスについての捉え方は、次のことを満たしていることを前提としている。

　1)　開発プロセスで規定されている各工程では、それぞれの工程での目的・工程作業、成果物、達成度合が定義されている(はず)である。

　2)　開発プロセスは、そのとおりに実行することで、最終的に全工程を通じて、開発対象をあらゆる観点、角度から設計・検証できるように設計されている(はず)である。

　この開発プロセスについての前提にもとづいて、ODC分析の分析理論は成り立っている。

　つまり、開発プロセスとODC分析理論は、次のような関係にある。

　①　開発プロセスが、上記前提どおりに明文化されている。

　②　対象とするプロジェクトは、開発プロセスどおりに実践されている。

　③　その実践の結果が、**開発プロセスの期待**に対して解離があれば「何かおかしい？」と判断できる。

　④　その「何かおかしい？」を分析すると、「何をすべきか」が示唆される。

　⑤　「何をすべきか」を実施すれば、「何かおかしい？」は解決できる。

　　　と、考える。

　したがって、効果的なODC分析を実施するには、上記前提と考えをまず実践することが、必要条件となる。

　逆に、なし崩し的な工程開発では、局面的な評価はできても、プロジェクトとしての正確な評価にはならない。

4.2.1　開発プロセスの期待

　ではここで、「**開発プロセスの期待**」とは何かについて考えてみる。開発プロセスでは工程定義、作業規定、成果物定義、開始条件・完了条件、開発管理、プロジェクト管理などが明文化されている（はず）。

　特に開発工程定義では、4.1節にある一連の工程目的にあるように、以下のロジックで工程作業が常に正しく実施されることが、「開発プロセスの期待」である。

1) xxxxを基準にして

2) yyyyを作成し、または実行し

3) できたyyyyと基準となるxxxxとの整合性、妥当性を検証する。

　しかしながら、開発プロセスの工程定義、作業規定について明文化されているのは、「こういうことをやりなさい」「こうなっていることを確認しなさい」という指示はあっても、「どこまでできたらよいか？」「どれだけやったらよいのか？」という開発プロセスの期待の具体化、**定量化された**達成基準、満足度合は、明文化がされていないことが多い。これは組織共通で複数プロジェクトに適用される開発プロセスで、共通の具体的で定量化された達成基準を特定することは困難なためである。しかしながら、この具体化、定量化の不明確なことの存在が、開発工程での作業実施の段階において、実施者、実施組織の資質、技術、戦略、方法論に依存した理解、捉え方に差が生じ、工程品質の差となって現れていると考える。

　例として、開発プロセスで次のような基本設計工程での作業規定ロジックが明文化されていたとする。

1) 要求仕様書をもとに

2) 基本設計書を作成し

3) 作成した基本設計書と基準となる要求仕様書との整合性、妥当性を基本設計レビューにおいて検証する。

　そこで、この例での作業の達成基準、すなわち開発プロセスの期待は何かを考察すると、次の作業規定の行間に潜む（ ）部分が導出されてくる。

1) （要求事項28項目の）要求仕様書をもとに、

　2)　（ロバストネス分析から28の要求事項に紐づけられた56の要求機能を基本設計項目と定義し、56の要求機能それぞれについてのブロック図、シーケンス図、状態遷移図などをもとに設計要求されるソフトウェアの全体構成から個々の機能単位の基本仕様までを記述した）基本設計書を作成し、

　3)　（56の要求機能の基本設計仕様である）基本設計書と基準となる（要求事項28項目の）要求仕様書との整合性（28要求事項と56基本設計仕様との抜け漏れのない紐付けができているか）、妥当性（28要求事項それぞれが、56要求機能の基本設計仕様によって実現可能か、満足できるか）を基本設計レビューにおいて検証する。

　つまり、当該プロジェクト固有の作業達成基準は、作業規定の意味合いとプロジェクト情報から、入力、出力、そのために必要なことなどを考察することで、導出するものである。

　このように、開発プロセスの作業規定を当該プロジェクトに当てはめて考察することで、一見不明確だった開発プロセスの期待すなわち工程作業の達成基準を具体化、定量化でき、当該プロジェクト計画書（開発計画書）にて明文化、共有化することが可能になる。そうすることで、工程での検証の基準も明確になり、工程品質も向上する。

　以上のことから、開発プロセス実施において、表面的に実施するのと、「どこまでできたらよいか？」「どれだけやったらよいのか？」と常に基準を明確にしながら実施していくのとでは、作業品質、工程品質に「差」が出てくるのは明らかである。

　この「差」こそ、本書でたびたび登場するテーマである開発プロセス実施の**「やり方の質」**を意味するものである。

　この開発プロセス実施において、**「やり方の質」の差が反映されるのは、不具合の出方にある**という気づきこそが、ODC 分析での評価の考え方となっている。

　ここで気になってくるのが、では不具合の出方で評価するには、そもそも正しい不具合の出方を知っておく必要がある。

　すなわち、評価の定規となる正しい不具合の出方は、どうしたら知ることが

できるのか。これが、ODC 分析の核心となる部分「**プロセス・シグネチャー**」
である。

4.2.2　プロセス・シグネチャー

ODC分析で使われるプロセス・シグネチャーとは、一言でいうと次のよう
になる。

「**プロセス・シグネチャー**」とは、「**開発プロセスの期待**」である。

4.1節で問いかけた「プロセスの期待」の定量化に対する1つのアプローチ
として、ODC分析では、以下のような考えに立っている。

> 　正しくプロセスを実施すれば、正しく「しかるべき不具合」の分布にな
> る。

つまり、開発プロセスが期待する工程作業を正しく実施すれば、その検証で
は、「しかるべき不具合」が「しかるべきとき」に出るはずである、すなわち、
期待どおりの不具合の出方をするはずである。

ここで、4.1節「開発プロセス定義と不具合との関係」と結びつく。4.1節で
は、各開発工程での工程目的と検証目的から、発見されてしかるべき（予想さ
れる）不具合とそのタイプ属性を見てきた。

実際に、そのとおりに不具合が出ているのか。「しかるべき不具合」が「し
かるべきとき」出ているか、について、不具合研究チーム[1]が調査した。その
結果、同一の開発プロセスを適用して良好な結果となったプロジェクトの不具
合検出傾向とそのタイプ属性の分布を調べると、おおむね「しかるべき不具
合」が「しかるべきとき」に出る傾向があることがわかった。

それらを関係づけると、図4.1のようになる。

図4.1にある開発プロセス工程としかるべき不具合の分布との関係こそが、
ODC分析での評価の核とする定規すなわち、プロセス・シグネチャーである。

では、プロセス・シグネチャーは、どう策定すればよいのか？

プロセス・シグネチャーは、適用する開発プロセスの特性（工程定義、工程

開発工程	要求	設計		コード	テスト		
	要求分析要件定義	基本設計	詳細設計	コード	単体テスト	統合テスト（機能テスト）	システムテスト
工程目的	要求を分析して要求仕様書を作成する	要求仕様書を分析しアーキテクチャ分析・設計を行い基本設計書を作成する	基本設計書から機能単位・構造単位の詳細設計書を作成する	詳細設計書をもとにコードを作成する	詳細設計書にもとづいてコンポーネント・単機能単位でのテストを行う	基本設計書にもとづいて求められる機能性の達成度合いをテストする	要求仕様に求められる稼動環境・使用範囲における機能要件・非機能要件をテストする
検証目的	要求に対する要求仕様書の実現可能性、妥当性、を検証する	要求仕様書をもとに基本設計の妥当性・網羅性・トレーサビリティを検証する	基本設計書をもとに詳細設計書の妥当性・網羅性・トレーサビリティを検証する	詳細設計書をもとに、作成コードが仕様書どおりかを検証する	詳細設計書をもとにコンポーネント・機能単位で仕様どおり機能するか検証する	基本設計書をもとに仕様どおりの機能性を提供しているかを検証する	要求仕様書をもとに機能要求、非機能要求を満たしているか検証する
予想される（期待される）不具合	機能性の欠如か誤り、制約事項の充足性の不具合	機能分担単位での処理の動き、振舞いの欠如あるいは誤りの不具合	設定値や条件分岐の数字項目、処理順、APIの呼び出し手順、制御手順の仕様不具合	設定値や条件分岐の数字項目、処理手順、APIの呼び出し手順、制御手順の実装不具合	システム環境での機能性、接続性、処理一貫性、整合性、妥当性の不具合	機能要求、非機能要求におけるユーザーの期待に対する満足度に関わる不具合
予想される（期待される）主たるタイプ副属性		(Assignment)	Assignment	Assignment			
		Checking	Checking	Checking			
			Algorithm	Algorithm	Algorithm		
		Timing/Serialize					Timing/Serialize
		Interface	Interface	(interface)	Interface	Interface	
	Function					Function	

図4.1　開発プロセスと「しかるべき不具合」の傾向と分布

目的、検証目的、さらにテスト工程定義、テスト目的など）に依存するものである。そのため、策定方法を一概に述べることはできないが、ここでは、4.1

節で説明に用いたある開発プロセスの工程定義にもとづいたプロセス・シグネチャーの策定事例として紹介する。

　図4.1のプロセス・シグネチャー関連部分を抜き出して拡大すると、図4.2のようになる。

　図4.2で、着目すべき点は、以下の3つである。

1)　各タイプ副属性の分布は、件数でなく割合(%)で表す。

2)　各タイプ副属性の分布の出方は、各工程での検証目的に対応して変化、増減する。

3)　各タイプ副属性には、上流工程から下流工程へ割合が減少していくものと、増えていくものがある。

　以下それぞれについての理由を説明する。

(1)　分布比率

　ODC分析で分類した各属性の不具合件数を集計して評価する際は、集計件数でなく、その工程で発見された不具合の総件数に占める各属性の件数の割合(%)で表す。これにより、不具合件数の多い少ないにかかわらず、事象の特徴を明確に示すことができる。

(2)　分布の出方の割合(%)

　発見されてしかるべき不具合は、検証目的によって対応づけられる。

　例えば、図4.2において、設計工程での検証目的に対して、しかるべきタイプ副属性は、Function、Assignment、Checking、Interface、Timing/Serialize、となり、これら5つの副属性の割合が多くなることが予想される。

　ではどのくらいのタイプ副属性の分布を想定しているか。この例の開発プロセスでは、設計工程での不具合総数100%に対して、以下のような割合を想定している。

Function：40%

Assignment：25%

Checking：23%

開発工程	要求分析 要件定義	基本設計	詳細設計	コード	単体テスト	統合テスト（機能テスト）	システムテスト
検証目的	要求に対する要求仕様書の実現可能性、妥当性、を検証する	要求仕様書をもとに基本設計の妥当性・網羅性・トレーサビリティを検証する	基本設計書をもとに詳細設計書の妥当性・網羅性・トレーサビリティを検証する	詳細設計書をもとに、作成コードが仕様書どおりかを検証する	詳細設計書をもとにコンポーネント・機能単位で仕様どおり機能するか検証する	基本設計書をもとに仕様どおりの機能性を提供しているかを検証する	要求仕様書をもとに機能要求、非機能要求を満たしているか検証する
予想される（期待される）主たるタイプ副属性			(Assignment)	Assignment	Assignment		
			Checking	Checking	Checking		
				Algorithm	Algorithm	Algorithm	
		Timing/Serialize					Timing/Serialize
		Interface	Interface	(interface)		Interface	Interface
	Function					Function	

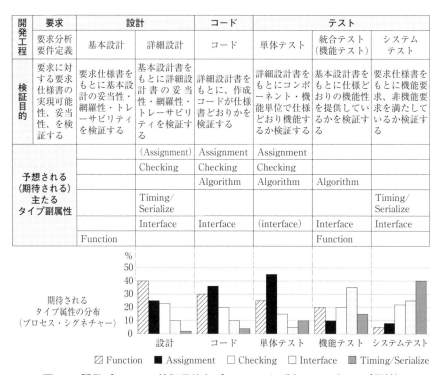

期待される
タイプ属性の分布
（プロセス・シグネチャー）

☒ Function　■ Assignment　□ Checking　□ Interface　▪ Timing/Serialize

図4.2　開発プロセスの検証目的とプロセス・シグネチャー（タイプ属性）

Interface：10%

Timing/Serialize：2%

他の工程も同じように考えて設定すると、図4.3のようになる。

ここで気になるのが、実際どうだったかということであろう。この開発プロセス例を適用したプロジェクトでの実績値を図4.4に示す。

図4.4を見ると、この開発プロセス例を適用したプロジェクトでの実績値はおおむね設定どおりである。

Assignmentについては、要求仕様の記述の十分性について再検証が必要だったと考える。

ここで重要なのは、設定値との一致ではなく、分布の出方（パターン）が設定

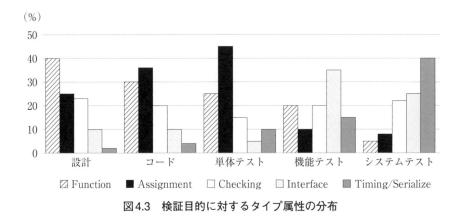

図4.3　検証目的に対するタイプ属性の分布

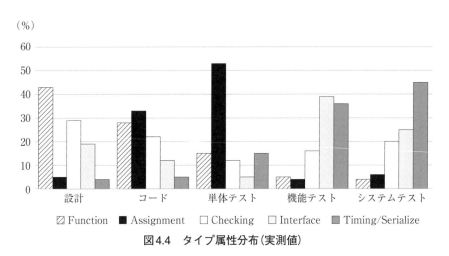

図4.4　タイプ属性分布（実測値）

どおりか（検証目的と合致しているか）というところである。

　この例での設定の仕方は、適用する特定の開発プロセスにおける検証目的
と、経験則、実績値を多分に考慮して設定している理論値である。

　したがって、すべての開発プロセスに適用できる分布比率ではないことをご
理解いただきたい。

⑶ 増減傾向

プロセス・シグネチャーで、もう1つ重要なのが、各々の副属性には、工程を跨いでの増減の傾向があるということである。図4.5にあるように、それぞれの副属性には、工程目的、検証目的に従って、増減のパターンがある。

それぞれのタイプ副属性は、工程を跨いで増減の傾向が異なっている。ここで考えていただきたいのは、開発プロセスはプロジェクトの収束に向けて、どういう意図を持って検証目的を設定しているかということである。

ソフトウェア開発の基本的な考え方にもかかわることであるが、設計は、大きいところから小さいところ、詳細なところへと進め、テストは、小さいところから初めて、次第に大きな単位でテストを進める。

したがって、検証の観点から見ると、詳細な部分を先に安定させたうえで、システム全体の大きな要求(主に非機能要求)を検証していくのが妥当なやり方である。

そこで、それぞれのタイプ副属性について図4.5を考察してみると、以下のようなことが示唆されているのがわかる。

① Function(機能性)

要求仕様の機能要求を抽出して、設計仕様を策定していく設計工程での検証(設計レビュー)では、要求されるすべての機能性について設計の有無、妥当

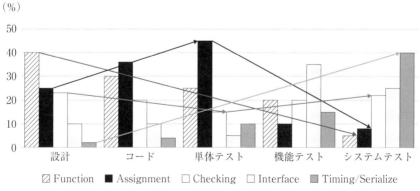

図4.5 分布の割合の増減傾向

性、整合性、一貫性などが検証されるため、Functionの割合がもっとも多く出てしかるべきである。

その実装状態を検証するコード・インスペクションでも、機能性の検証が主体となるため、多く出ると考える。

単体テスト、機能テストにて、機能性にかかわるテストが中心で、機能の不具合はすべて摘出することが目的となる。

したがって、システムテストでは、Functionの割合はきわめて少なくなる。次項の評価にかかわることではあるが、機能テスト（統合テスト）の段階で、Functionの割合が突出して多い場合がよくある。

これはそれ以前の工程でのFunctionの不具合の摘出が不足していることを示している。したがって、そのままシステムテストに入ると、まだまだ機能性の不具合が残存していて、システムテストの遂行の障害になることが予想される。設計検証からの見直しが示唆される。

②　Assignment（値設定）

要求仕様レベルでは、Assignment（値設定）は、大まかな性能値、許容値、制限値など非機能要求として定義される。また、詳細な動き、振舞いなど処理や制御にかかわる設定値は、詳細設計で設定されるが、設計レビューやコード・インスペクションでは、設定の有無、数値の正しさは検証されても、妥当性はほとんどが単体テストで検証される。

したがって、以降のテスト工程では、設計変更がない限り、割合は少なくなる。

③　Checking（条件分岐）

要求仕様書では、「……の場合」という表現で記述されていることが多い。Checking（条件分岐）は、設計でその場合わけ、条件分岐の条件を具体化していく部分である。

したがって、実装してテストすると、条件漏れや不足、条件値誤りなど設計変更が必要になることが多いので、工程全体で発生しやすい不具合である。Assignment（値設定）と関係しやすいので、切り分けには注意が必要である。

④　Interface（インターフェース）

　機能間や接続機器間インターフェース、また操作系ユーザーインターフェースなどは、仕様上での整合性は取れても、実装して稼働してみないと見つからない不具合は多い。したがって、Interface（インターフェース）の不具合は、設計上の検証よりも、テストでの発見されることが多い。

⑤　Timing/Serialize（タイミング/処理順番）

　Timing/Serialize（タイミング/処理順番）の不具合は、設計上での発見が難しいため、テスト工程で見つかることが多い。それもシステムテストでのストレス/ロングランなどの負荷テストやエラー処理のテストで多く見つかる。

　Timing/Serialize（タイミング/処理順番）については、根深い不具合が多いので、設計では冗長性、エラー対応、堅牢性などに注意して設計しておく必要がある。

⑷　プロセス・シグネチャー策定のポイント

　ここまで、タイプ属性ごとの出方の傾向について述べてきたが、ここでアルゴリズム（Algorithm）がないのに気がつかれた方も多いと思う。アルゴリズムに関しては、設計、コーディングスキルに依存することが多いため、一概に傾向を述べることはできない。

　以上のことから、プロセス・シグネチャーの策定においては、以下の点が、ポイントとなる。

　1)　各工程での検証目的に沿って、しかるべき不具合の順番、割合を想定

　2)　各工程での検証目的に対応した不具合の出方の傾向を予測

　3)　これまでのプロジェクトデータや経験則、また自組織の特質・「やり方」
　　　の考慮

　具体的には、経験上、次の順番で策定するとよい。

　①　適用する開発プロセスの特性、検証目的を理解したうえで、

　②　これまでのプロジェクトでの各工程の不具合データをODC属性で分類
　　　する。

　③　各工程での検証目的と理論づけられるしかるべき属性の量的順番づけを

行っていく。

④　さらに、その量的割合から量的比率（%）を設定する。

また、

⑤　一度設定しても、そぐわない場合も出てくる。この場合は、何度かやり
　　直して調整するとよい。

　ここまで、プロセス・シグネチャーについて、本書で例とした開発プロセス
にもとづいて、タイプ副属性の分布を見てきた。ちなみに、これまでの例は、
OSの開発での例である。

　他にも事例として不具合研究チーム[1]が示したプロセス・シグネチャーを参
考までに紹介する。

(5)　開発プロセスが3つの作業工程に分かれていた場合の例

　参考までに、事例として不具合研究チーム[1]が示したプロセス・シグネチャ
ーを紹介する。開発対象はアプリケーションである（図4.6）。

　なお、トリガー属性の観点で分布を見た場合、図4.7のようになる。

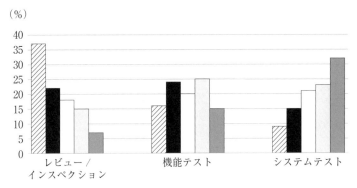

図4.6　タイプ属性プロセス・シグネチャー（3工程）

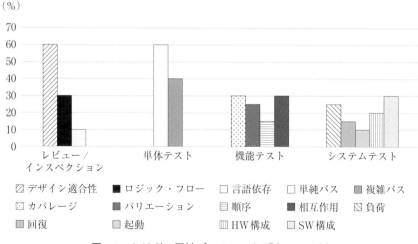

図4.7 トリガー属性プロセス・シグネチャー例

4.2.3 ODC分析の評価への道筋

開発プロセスに対応した「しかるべき不具合」の分布と傾向こそが、ODC分析評価の定規となる**プロセス・シグネチャー**であり、「開発プロセスの期待」である。

そのため、プロセス・シグネチャーを用いて考えられたのが、次にあるODC分析の評価の道筋である。

1) プロセス・シグネチャーは、開発プロセスに依存した固有の期待値(こうあるはず)である。

2) すると、プロセス・シグネチャーを定規としたとき、現実の開発状況とにその定規と差異がある場合、「何かおかしい?」と考える。

3) その「何かおかしい?」が示唆することが、不具合を生み出している「やり方の質」であり、改善策「何をすべきか」を見つけることができる。

この考えを例として図にすると、図4.8のようになる。

図4.8から、プロセス・シグネチャーを左、進行中のプロジェクト現状を右としたとき、定規である左のプロセス・シグネチャーに対して、これからシス

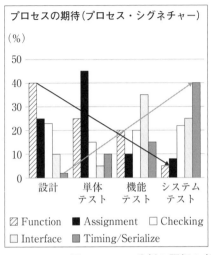

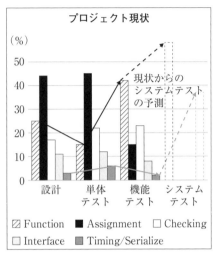

図4.8　ODC分析の評価の考え方（タイプ属性分布の比較）

テムテストを始めようとしている現状は大きくシグネチャーが異なっていることがわかる。

　この例でのプロジェクトの現状の評価は、以下のようになる。

　設計・単体テスト工程でのFunction（機能性）の不具合が少なく、機能テスト（統合テスト）で、急増している。設計上まだまだ機能性の不具合が残存しており、次工程へ漏れ出る可能性が高い。

---

(1)　この例から示唆される対応策

　機能性に関して、設計レビューとコード・インスペクションを再度実施すべきである。

　また、単体テスト、機能テストのバリエーション、カバレージを再検証して、足りていない部分の実施を図るべきである。

　タイミング/処理順番の不具合も、単体テスト、機能テストで出方が横ばい

なのは、テスト・バリエーションの不足が考えられる。次工程のシステムテストで過負荷テスト、接続テストが始まると、すでに修正されているべき基本的な不具合も含めて、急増することが考えられる。

(2) 総合的評価

> システムテストの開始基準を満足していないレベルと考える。このままシステムテストを開始すると、前工程で修正すべき不具合が多発し、システムテスト遂行の妨げになり、十分なシステムテストができないと考える。前工程の特にFunction、Timing/Serializeの検証を見直しを行ったうえで、再度開始を判定すべきである。

以上のように、本来あるべき不具合分布（プロセス・シグネチャー）と現状を比較して、その差異を考察すると、工程評価を含めてプロジェクトの健全性への懸念が指摘でき、改善に何をすべきかがわかるのが、ODC分析の評価である。

4.2.4 ODC分析におけるプロセス・シグネチャーまとめ

ODC分析におけるプロセス・シグネチャーについてまとめると次のようになる。

1. プロセス・シグネチャーは、プロセス進行の「**足跡**」である。
2. タイプ属性のシグネチャーが示すのは、**製品の品質的安定性**である。
3. トリガー属性によるシグネチャーは示すのは、**プロセスの有効性**である。
4. 「何件の不具合を検出したか？」ではなく、「**不具合を正しく検出できているか？**」を評価する。
5. 過去データ（前バージョン、類似の製品など）が存在する場合、過去データから「**予想されるシグネチャー**」が作成できる。
6. 過去の類似データがない場合、「**期待されるシグネチャー**」を、開発プロセスをもとに理論値として作成する。

さらに、プロセス・シグネチャーを次のように活用することができる。

7.　各工程の終了基準として、「予想」と「期待」のシグネチャーは、定規となり得る。

8.　各工程の終了基準として、「こうあるべき」＝「こうなっていれば完了」と判断できる。

9.　**責任範囲の明確化**ができる。

　　・「いつ」「誰が」「何を」検出するのか、が定義できる。

　例：設計レビューにおいて、レビューアは、「機能」の欠如を検出すべき。

10.　**製品の品質の安定度を評価できる**

　　過去バージョン、類似の開発などのデータがあれば、進行中プロジェクトの推移と比較して、よくなっているかどうか可視化できる。

11.　**リソースの利用方法の改善**

　　工程予測から、リソース（人材、開発環境、テスト環境の機器など）の必要度合の予測ができる。

第5章

ODC分析実施のガイド

　ここからは、実際に開発現場でODC分析・評価を実施するにあたり、これまでの実践経験から得たKnow-Howをもとに、ODC分析実施のガイドを示す。

5.1　ODC分析・評価の基本的な「やり方」

　ODC分析を実施し、その結果を評価して、示唆される改善点から改善策を導き出し、実施するというのが、ODC分析の基本的な「やり方」である（図5.1）。

　ODC分析・評価の手順として、現状の不具合データでのODC分析結果を、定規とするプロセス・シグネチャーと比較する。

1) 比較して“ずれ”がないか調べる。“ずれ”があれば、“ずれ”の原因を調べる。

2) 原因からから示唆されるプロセス実施の「やり方の質」を考察し、弱点を見つけ出し、改善策を策定する。

3) 改善策を実施して、プロセス・シグネチャーに近づければ、「よし」とする。

4) 近づかない場合は、さらに考察を深め、改善を実施する。

5.1.1　ソフトウェアライフサイクルにおけるODC分析の実施タイミング

　ODC分析実施の目的は、ODC分析を定期的、継続的に実施することで、以下のことを図ることである。

1) 現行開発プロセス実施の「やり方の質」を改善して、以降の不具合抑制

2) 市場での品質状況を継続して分析し、必要市場対応の早期化

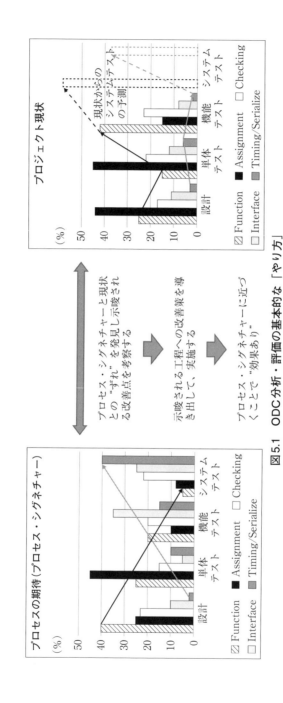

図5.1 ODC分析・評価の基本的な「やり方」

3) 次期開発へ改善事項をフィードバックして、より円滑な開発へ改革

これまで学習されたODC分析理論と分析手法を、どういったタイミングで実施することが効果的なのかについて、図5.2に示す。

ODC分析は、早期に開発プロセス実施の「やり方の質」のまずさを発見するために、日常業務フローに取り込むのが望ましい。図5.2にあるODC分析実施ポイント▼で示したタイミングで実施することで、その工程作業の妥当性が検証できる。

進行中の開発工程内、開発の節目ごとに実施することで、工程作業の妥当性が検証できる。また早期に改善策が打てる。

ここでいう開発の節目とは、以下のようなものである。

① 工程移行の判定時

② 設計レビュー、コード・インスペクションなどのレビュー結果の検証時

③ テスト工程での、定規的な進捗管理時

④ プロジェクト全体の妥当性を見る出荷判定時

こうした節目でODC分析結果を判定材料とすると効果的である。開発の節目での妥当性検証を定着させるためには、プロジェクトにおいてルール化(プロジェクト計画書などで実施タイミングと判定基準を定義)するとよい。

5.1.2 出荷／納品後の運用期間

出荷／納品後の運用期間での定期的な市場品質レビュー時にも、お客様からの不具合情報、改善要望などにODC分析を適用して、早期改善策を策定・実施することで顧客満足度向上につなげることできる。

特に、タイプ属性やインパクト属性によるユーザーの声を分析することが有効である(3.8節「【事例研究8】インパクト属性(1)：お客様へのインパクト属性分析」参照)。

プロジェクト終了後、そのプロジェクトにおいてODC分析で示唆され実施した改善策とその効果を、次期開発プロジェクトへフィードバックすることで、同じ轍を踏まないよう組織的プロセス改善に役立つ。

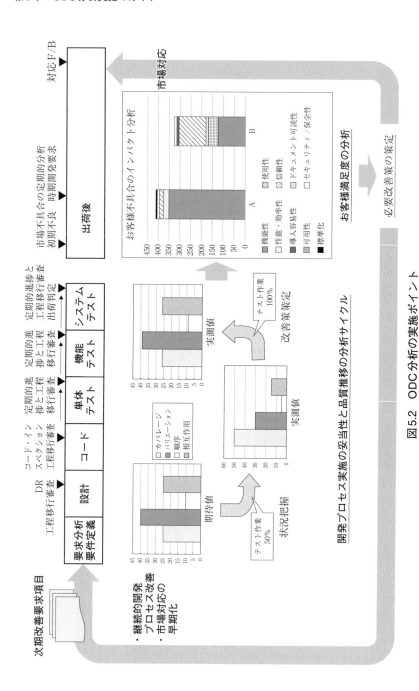

図5.2　ODC分析の実施ポイント

5.2　ODC分析実施のためのデータ収集

　実際にODC分析を適用するには、何を置いても確かな不具合データを収集し管理することが必要である。

　多くの開発現場では、開発管理として、不具合管理、変更管理、構成管理の3大管理をルール化、システム化して、さらにそれらを連携・連動させて実施している。

　運用の「やり方」はそれぞれの企業、組織ごとに最適化されている。

　多くの企業での不具合管理を見させていただいた経験では、不具合情報を「不具合報告書」としてレビューアあるいは、テスターから報告される。不具合情報が、報告書として所定の用紙で管理されている場合もあれば、メールで開発者に届くのみの場合もある。あるいは、不具合管理システムとしてシステマティックにサーバーで共有されている場合もある。

　ODC分析実施の観点からは、どれがよい、悪いということはない。必要な情報が正確、正式に管理されてさえいれば、分析実施に支障はない場合が多い。

　ODC分析に必要な情報は、通常の不具合管理の基本情報と変わりはない。分析するのに不足があれば、担当者に聞けばよいだけである。

　なお、ODC分析での不具合の集計においては、工程単位、同一目的の作業単位で集計する必要がある。異なる工程、作業での不具合が混じると正しい評価にならない。

5.2.1　ODC分析に必要な情報

　ODC分析を初めて実施する場合、現行の不具合管理情報を使って1件1件の不具合にODC分析に必要な属性情報を役割分担に沿って付記することで、ODC分析を実施することが可能である。

　不具合管理情報とODC分析の属性との結びつきは、以下のようになる。

1)　不具合の**発見者・報告者(レビューア、テスター)**からの入力情報。

- 不具合はどの開発工程で検出されたものか？　具体的な検出工程。
- どのような不具合が起こっているか？　不具合事象(詳細な程よい)タイ

プ属性の手がかりとなる。

- 不具合は何を行っていて検出されたものか？
  - どういった観点からのレビューか。
  - どんなテストケースを実行してか。
  - テストケースにはないものか。

　など、不具合を発見したときの状況、環境、操作手順などを他者が不具合を再現可能なレベルで詳細にしておく。これにより不具合のトリガー属性を特定する。

- 不具合は使用者にとってどういう影響があるか？

　例えば、操作手順が難解、間違えやすい、処理速度が遅いなど。インパクト属性を特定する。

2)　不具合の**修正者(設計者、コーダー)**からの入力情報。

- 不具合は何が原因だったか、どう修正したか？
  - 条件分岐の不具合の場合なら、条件の欠如なのか誤りなのか
  - 機能の不具合の場合なら、機能の欠如で追加したのか誤りなのか
  - 値の設定の不具合の場合なら、設定の欠如なのか誤りなのか

　などを付記することで、タイプ属性を特定できる。

- 不具合を修正したのはコードのどの部分か？

　機能名、コンポーネント名、ライブラリー名、設計仕様書の箇所、社内開発部分か、社外委託部分か。

　などを付記することで、ソース属性が特定できる。

　また、不具合を修正したコードの履歴について、新規に開発した部分か、ベース・コードか、再利用部分、ポーティング部分、過去に変更した部分なども付記する。

　以上のように不具合に情報を付記することで、現行の不具合情報からでもODC分析は可能である。

5.2.2　現行不具合リストを使ったODC分析属性の集計事例

　現行不具合データを使って、不具合発見者、修正者間の持ち回りで不具合属

性を入力・集計していく方法として、よく用いるのが次図5.3にある表計算ソフトを使った事例である。

　現行の不具合リストにODC分析用の不具合属性付記欄を設けて、1件1件の不具合に該当する不具合属性を選択して、該当欄に数字の"1"を振っていく。そして、それぞれの不具合属性の縦計が上段の集計欄に合計値が表示されるようにしておくことで、属性集計値がタイムリーに把握できる作りになっている。そこから属性集計値をグラフ化して状態を可視化することができる。

　ODC分析を本格導入する場合、ODC分析を効率的に進めるには、検出・報告者と修正者の入力負荷を軽減し、情報共有をスムーズにする必要がある。

　システマティックに管理するためには、図5.4のような入力フォーマットを用意して、入力項目を選択肢にするとよい。

　システムを使っての不具合管理をされている組織なら、上記の組込みが効果的である。

　また、システム上で集計して、グラフなどで属性分布を作成することも可能で、作業負担はかなり軽減される。

5.3　ODC分析実施手順と役割分担

　組織の中でODC分析を実施する場合、組織の中でODC分析の実施が認知されるとともに、実施に伴う教育と日々のオペレーション、役割分担をあらかじめルールとして決めておく必要がある。

5.3.1　ODC分析実施の運用へのステップ

　ODC分析の運用を開始するに当たって、組織内への初期導入時には、次のようなことが必要になる。

⑴　ODC分析技術の教育

　適用する組織内でのODC分析の認知と、統一したODC分析手法の教育(実施ガイド作成など)が、まず必要である。

← ODC分析用　追加部分 →

No.	発見日	重要度	不具合サマリー	報告者	対応者	対応内容	Assignment M	Assignment I	Checking M	Checking I	Algorithm M	Algorithm I	Timming/Serialize M	Timming/Serialize I	Interface M	Interface I	Function M	Function I	Bld/Pkg/Mrg M	Bld/Pkg/Mrg I	Document M	Document I	Trigger	Source (コンポーネント名)	Impact
1	10/08	A					1																int.	A機能	inst.
2	10/08	B															1						s-path	A機能	func.
3	10/08	C																				1	comp.	A機能	doc.
4	10/08	B								1													c-path	B機能	func.
5	10/08	B								1													c-path	B機能	func.
6	10/09	B												1									comb.	B機能	Avai.
7	10/09	B																1					comb.	B機能	func.
8	10/09	A															1						Int.	A機能	func.
9	10/09	B						1															s-path	C機能	per.
10	10/09	B						1															Comp.	C機能	per.
11	10/09	B										1											comb.	C機能	func.
12	10/09	B								1													comp.	C機能	rel.

（既存の不具合リストを活用部分）

Defect Type

	Assignment M	Assignment I	Checking M	Checking I	Algorithm M	Algorithm I	Timming/Serialize M	Timming/Serialize I	Interface M	Interface I	Function M	Function I	Bld/Pkg/Mrg M	Bld/Pkg/Mrg I	Document M	Document I
	1	2	0	3	0	1	0	1	0	0	2	1	0	0	0	1
	3		3		1		1		0		3		0		1	

Defect Type 集計

図5.3　現行不具合リストを使ったODC分析属性の集計表　事例

不具合検出者入力フォーマット（開発、テスト時の様式）

アクティビティ	トリガー属性		インパクト属性
・デザインレビュー ・コードインスペクション	・デザイン適合性 ・ロジック/フロー ・後方互換性 ・横方向互換性 ・同時性 ・内部文書 ・言語依存 ・稀な状況		・導入 ・一貫性 ・セキュリティ ・パフォーマンス ・保守性 ・サービス ・容易性 ・移行 ・文書 ・標準 ・信頼性 ・要求 ・許容性 ・能力
・単体テスト ・機能テスト	ホワイトボックス	・単純パス ・複雑パス	
・システムテスト	ブラックボックス	・カバレージ ・バリエーション ・順序 ・相互作用 ・負荷・作業量 ・回復・例外 ・起動・再起動 ・HW構成 ・SW構成 ・障害テスト	
・ドキュメントレビュー	・正確さ ・明快さ ・完全さ ・整合性 ・組織 ・回復可能性 ・スタイル ・作業適応 ・デザイン ・グラフィック・美学		

回答者入力フォーマット

ターゲット	タイプ属性	ソース	エイジ	内容のタイプ	不具合限定因
・デザイン ・コード	・割り当てで初期化 ・チェック ・アルゴリズム・方法 ・機能・クラス・オブジェクト ・タイミング・順次化 ・インタフェース・メッセージ	・内部開発 ・ライブラリからの再利用 ・ポート ・外部委託	・ベース ・新規 ・書き直し ・修正部分		
・ドキュメント 開発	・編集上（誤字・脱字など） ・技術上（技術的情報の誤りなど） ・ナビゲーション上（構成上の誤りなど）			・参照 ・作業 ・例 ・表示 ・コンセプト	・欠如 ・不正

開発中、テスト中に検出された不具合またはお客様から障害報告の分類に用いる様式

回答者入力フォーマット

ターゲット	タイプ属性	ソース属性	エイジ
・ビルド ・パッケージ	・プロセス適応 ・コードのインテグレーション ・メンテナンス ・出荷されたコードのためのスクリプト ・パッケージ ・フィーチャー導入・アップグレード ・メディア	・内部開発 ・ライブラリからの再利用 ・ポート ・外部委託	・ベース ・新規 ・書き直し ・修正部分
・多言語サポート	・翻訳 ・文字処理 ・ユーザーインターフェース ・言語特有 ・有効化		

不具合限定因
・欠如
・不正

開発中、テスト中に検出された不具合またはお客様から障害報告の分類に用いる様式

図5.4　ODC分析データの入力フォーマット事例

ODC分析の実施には、設計チーム、試験チーム、品質チームなどが、一体となって実施する共同作業であることから、関係者全員の理解度を一定以上に保つ必要がある。

(2)　開発プロセス定義の再認識

組織に適用する開発プロセスを見直して、プロセスの期待値、すなわちプロセス・シグネチャーを設定する。

(3)　コーチングとバリデーション

ODC分析の実施に際して、不具合への属性付記の妥当性を客観的にレビュー(Validate)する必要がある。

また、集計したデータの分析方法などをODC分析有識者の指導(コーチング)を受けながら実施するのがよい。

そうした役割を担う人材を育成しておくことが、組織内への展開に有効である。

(4)　分析結果の観察と評価手法の確立

ODC分析有識者と一緒に、適時属性付記、属性分類、分析を実施して、プロジェクト推移の評価、示唆される改善策の抽出と裏付け調査などを実施して、組織内での標準の評価パターンを確立し、その成果を共有する。

(5)　ODC分析実施のまとめの蓄積

プロジェクト完了ごとに、ODC分析実施報告書をまとめて、組織内でのODC分析経験の蓄積と再利用を図る。

5.3.2　ODC分析の実施手順

ODC分析実施には、図5.5にあるように、行動的に3段階がある。日々の不具合データを観察し、その出方を評価して、適時ODC分析を実施する、となる。

　図5.5に示した「観察」「評価」「分析」の3つの段階を、具体的に日々の活動の中で実践していくためには、図5.6にあるように、日々のODC分析の作業ルールを決めておく必要がある。

　以下、図5.6にあるそれぞれの作業を説明する。

(1)　プロジェクト開始前の実施準備
①　プロセス・シグネチャーの設定

　適用する開発プロセスにもとづいてプロセス・シグネチャーを設定しておく（4.2.2項「プロセス・シグネチャー」参照）。プロセス・シグネチャーを設定しておくと、プロジェクト期間中にODC分析結果から、「何かおかしい」ことが起きていることが容易に発見でき、早期アクションが取れるようになる。

　最初のうちは、プロセス・シグネチャーに確信が持てないかとは思うが、大まかに開発プロセスの期待として不具合属性の分布を捉えるという気持ちで設定して、プロジェクト終了後の反省として、プロセス・シグネチャーの調整を繰り返して、精度を上げていくとよい。

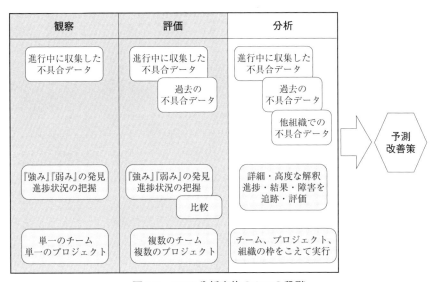

図5.5　ODC分析実施の3つの段階

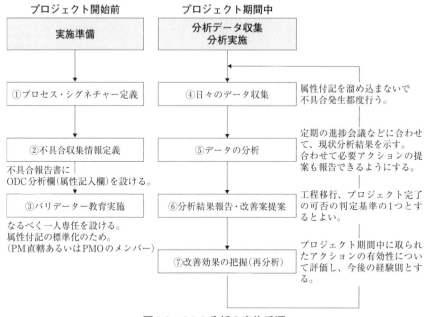

図5.6　ODC分析の実施手順

② 不具合から収集すべき情報の定義

　通常の不具合管理のやり方に加えて、5.2節で述べたODC分析実施に必要な情報を定義して、不具合1件ごとに必要情報が付記されるよう組織内で役割分担を周知徹底しておく。

　不具合報告書などにODC分析用の属性欄を設ける、などがこれにあたる。

　ODC分析の実施は、不具合を属性ごとに分類することから始まるが、1件1件の不具合に対して属性を付記するには、個人の作業では困難である。

　5.2節にあるように、プロジェクトでの役割分担によって付記できる不具合属性は決まってくる。それぞれの役割の者が、不具合から収集すべき情報を以下に示す。以下のような役割分担で、発見から修正、修正確認の作業サイクルの中で、1件の不具合の属性を特定していくルールを決めておくとよい。

1) 発見者・報告者(レビューア、テスター)

　　　不具合発見時にわかっている情報……**検出工程**(不具合を発見した工程)、

トリガー副属性(不具合を発見した行為、やろうとしたこと)、**インパクト**副属性(不具合で支障を来すこと(品質特性))。

2)　**修正者(設計者、コーダー)**

　　不具合を修正してわかる情報……タイプ副属性(不具合原因となる修正箇所の特徴)、ソース(不具合を修正したコードの箇所の特定(機能名、コンポーネント名、ライブラリー名など))、エイジ(ソースに含まれる属性ではあるが、修正箇所の素性や履歴(自社開発部分、外部委託部分、再利用部分、ポーティング部分、過去に変更した部分など))

③　**バリデーターの教育**

　ODC分析の精度を上げるため、バリデーターという役割を設けることを推奨する。

　ODC分析でのバリデーターの役割は、不具合1件1件に振られた不具合属性の妥当性を客観的に評価(Validate)し、不都合があれば修正して、より正しい分析結果を導き出すことにある。また、ODC分析の実施責任者として、分析結果の説明、改善策の提言、プロジェクト責任者への進言をすることである。

　経験的に、複数の開発者、テスターがそれぞれ自分の持分で、個人の独断で属性を判定していると、個々人の属性の理解不足、考察力の不足や思い込み、判定時の心情などで、必ずしも正確に判定されない場合が往々にしてある。

　過去に経験した極端な例では、ある設計者は、修正した不具合はすべて機能性(Function)につけ、また、あるコーダーは、コード修正はすべてアルゴリズム(Algorithm)だと思い込んでいると、それらの属性が突出して多くなる。このことが関係者全員での無用な議論を呼び、「どうしてこうなるのだろうか」と悩んだ末、大幅な付記した属性の見直しを行ったプロジェクトに遭遇したことは1回や2回ではない。

　そうしたことを防ぐために、バリデーターの存在意義は大きい。バリデーター候補者には、次のような条件を満たす人物を選定し、育成すべきである。

　1)　事物に対する洞察力がある。

　2)　組織内の有識者で、プロジェクト視野が広く豊富である。

　3)　ODC分析理論について理解を深めている。

　4）　独立、公正な立場にあり、客観的に評価できる。

　また、バリデーター育成のための教育においては、以下のようなことに努めて、能力を養成しなければならない。

　①　組織で適用する開発プロセスを熟知する。

　②　過去の不具合情報を見直して、不具合原因に精通する。

　③　発言に権限と責任を持たせるため、ODC分析理論を深く理解する。

　④　発言に説得力を持たせるため、分析結果の表現方法を常に研究する。

　したがって、バリデーターとしてふさわしいのは、以下のようなポジションにいる人物である。

　a）　プロジェクト・マネージャー(PM)、あるいはサブPM

　b）　プロジェクト・マネジメント・オフィス　リーダー(PMO)

　c）　品質責任者

④　バリデーターの役割

　参考までに、筆者の組織で定義していたバリデーターの役割を例として、図5.7に示す。

　図5.7に付随して定めた、バリデーターの責務は、次のようになっている。

　1）　不具合属性の分類が、正確かどうかを検証する。

　2）　初期の導入時：個々の不具合の内容を調べ、属性の妥当性をレビューし、修正する。

　3）　習熟期：プロジェクトの特性、特徴を考慮して、特定開発領域、開発チームに絞って、妥当性をレビューし、修正する。

　4）　特定チームで見直しが必要な場合は、責任者に進言して改善させる。

　5）　レビュー後に、修正箇所の説明、分析結果の説明などを行い。見直しや教育が必要なチームへは、必要に応じて属性分類の教育、指導を行う。

(2)　プロジェクト期間中：分析データ収集／分析実施

　プロジェクト開始後、日々の不具合管理と並行してODC分析を実施していく手順は次のようになる。

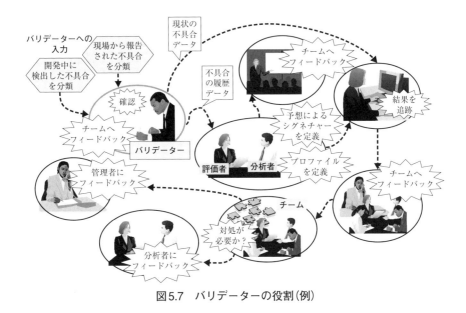

図5.7　バリデーターの役割(例)

① 日々のデータ収集

　日々報告される不具合を溜め込まないで、報告都度すぐに属性を付記して修正担当者に送付する(溜め込むと結構負担になる)。修正担当者も、修正完了と同時に属性を付記して、修正検証者に送付する。

　不具合修正確認後、バリデーターの属性レビューを入れる。

② データの分析

　定期的にODC分析を実施する。

③ 分析結果報告・改善策提案

　図5.2「ODC分析の実施ポイント」にあるODC分析の実施タイミングは、組織内で定義して構わないが、組織内で定着、定例化するには、ウィークリーで行われる定例のプロジェクト進捗会議などにタイミングを合わせて、バリデーターのレビューを経た現状分析結果と改善策の提案を示せるようにするのがよい。定例のプロジェクト進捗会議などの場でなら、改善策の検討、実施の判断も議論しやすいからである。

　さらに、工程移行判定、プロジェクト完了、出荷判定などの重要な局面において、判定基準の1つとして品質部門と共同で、その可否の提言を行うと、判定に確信が持てるようになる。

④　改善策実施の効果の把握（再分析）

　改善策が、工程の見直し、工程の遡りなど、コストと時間の負担がかかるアクションになった場合は、当然その改善の効果を把握して、是非を評価すべきである。

　効果があった場合は（スケジュールやコストのリカバリーができた、品質改善ができたなど）、大いに定着の動機づけになる。

　一方、効果が見られなかった場合のほうが大事である。この場合、反省会を行い、以下のような点を検証する。一部の関係者の反省に終わらせず、組織的に反省会を行い、うまくいかなかった原因を共有することが、次への一歩となる。

　1)　改善すべき点は、正しかったか。

　2)　改善策実施の「やり方」は、適切だったか。

　3)　判断の基準（プロセス・シグネチャー）は、妥当だったか。

　4)　組織的な協力に問題はなかったか。

　これらの見直しの過程こそ、ODC分析理論、開発プロセス理解の絶好の勉強の機会であり、今後の経験則として生きる。

5.4　ODC分析結果の評価のポイントと見方のヒント

　ここからは、ODC分析結果を評価するにあたって、実体験からの経験則的な評価の観点、ポイント、ヒントを紹介する。

5.4.1　開発製品の品質安定度の評価

(1)　開発製品の安定度を評価：タイプ属性

　「Function（機能性）」の不具合は、上流工程と深い依存関係がある。「Function（機能性）」の不具合は、「要求分析」「基本設計」といった工程で多

い(はず)。

　下流工程(テスト)で「Function(機能性)」の割合が多い場合は、設計が安定していない(仕様変更が多発した場合に多い)。

　「タイミング」の不具合は、下流工程で検出されたものほど重要で根深い。下流工程で検出される「タイミング」の不具合は、レビューや単純なテストでは検出されにくいためである。

　「Assignment(値設定)」の分布の変化は、工程作業の順序や範囲に出方が影響される。また、「Checking(条件分岐)」の分布も工程の順序や範囲に影響される。

　「アルゴリズム」の分布は、製品とプロセスの成熟度に影響される。また、詳細設計の成熟度合と密接に関連する。つまり、製品の完成度が成熟しているか、テスターが製品についてよく知っているか、複雑なテストケースを実行しているか、といった事項に影響されるのである。

　新規開発製品において、「アルゴリズム」による不具合が、「Assignment」「Checking」「Function」よりも少ない場合、詳細設計が安定していないことが多い。

　成熟した製品の開発においては、「アルゴリズム」による不具合は、他のタイプの不具合よりも多い。

　「インターフェース」の分布は、開発製品の特性とプロセスの定義に影響される。

　構成要素(コンポーネント、モジュールなど)が多い場合は機能テストで最多の分布(とくに反復型プロセス)を示す。

　また、他の製品とのインターフェースが多い場合、システムテストで最多の分布を示す。

(2)　開発製品の安定度を評価：反復開発への適用

　ODC分析は、開発プロセスが反復開発型、インクリメンタル開発(スパイラル)型などでも有効である。

　図5.8に、反復開発でのタイプ属性の推移を示す。

出現率(%)

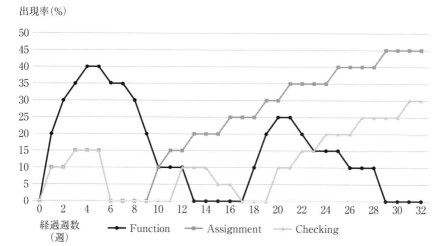

図5.8　反復開発でのタイプ属性の推移

計画していた反復開発の定義は以下のとおりである。

1)　反復回数：2サイクル（1サイクル：14週間）

2)　開発量：1stサイクル：60%　2ndサイクル目：40%

図5.8から以下のことがわかる。

①　「Function（機能性）」の不具合の推移は、反復1サイクル目、2サイクル
目ともに安定している。

②　「Assignment（値設定）」「Checking（条件分岐）」の不具合は、反復を超
えて増加している。

これらは、開発の1サイクル目で仕様変更が多発し、その仕様変更が2サイ
クル目の仕様書、テストケースに反映されていない場合に多く見られる現象で
ある。したがって、仕様書の再レビューが必要である。

(3)　開発製品の安定度の評価：Missing/Incorrectの推移

タイプ属性の限定詞（Missing/Incorrect）の推移を見ると、開発チームより
ユーザーのほうがMissing（欠如）をよく検出する場合が多い。要求から漏らす
と、最後まで気づかないことが多いためである。

　Missing(欠如)の占める割合は、工程全体として減っていくのが正しい推移である。経験則的には、全工程の完了時にMissing(欠如)の占める割合は、検出された全不具合数の30%前後になっていることが多い(図5.9)。

　Missing(欠如)の占める割合が、検出された全不具合数の30%前後よりも多い場合は、製品が安定(確定)していないと考えるべきである。

　Function(機能性)、タイミング(Timing/Serialize)、Interface(インターフェース)でMissing(欠如)が多い場合は、設計、特に詳細設計が不十分と考えるべきである。

　Assignment(値設定)、Checking(条件分岐)でMissing(欠如)が多い場合は、コードが不安定なことが多い。

　逆に、Missing(欠如)の占める割合が、検出された全不具合数の30%前後よりも少ない場合は、Missing(欠如)を検出するための十分なレビューやテストが不足していると考えられる。

　図5.9では、最終的にMissing(欠如)の比率が、10%になっていることを示している。

　この後半の推移と割合の低いことから、以下のようなことが必要であると考

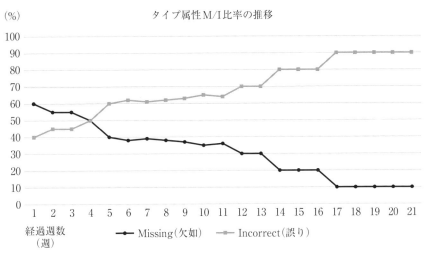

図5.9　検出された不具合総数でのM/I比率の推移

えられる。
1)　詳細設計書の抜け漏れがないか再レビュー
2)　テストでのカバレージの再検証

5.4.2　進捗度合の追跡
(1)　終了条件との比較

　プロセス・シグネチャーを、他の条件、「作業の完了度合」「成功したテストケースの総数」などと組み合わせて比較すると、妥当性が見えてくる。

　特に大きなプロジェクトでは、定期的に完了度合を確認することが、見落としのない全体の進捗把握にとって重要である。

　例えば、「機能テスト」実行中の属性分布の推移については、プロセス・シグネチャー(プロセスの期待)に対して、実際のODC分析結果は、工程途中での分析と完了時での分析とでは、変化してしかるべきである(図5.10)。

　工程終了時点で、予定テストケースをすべて実行した結果での、分析結果が、プロセス・シグネチャーに近ければ問題はない。

　ここでの注意点は、工程途中でプロセス・シグネチャーと乖離があった場合、消化したテストケースのカバレージ、テスト観点を確認すれば、妥当な乖離か、アクションをとるべきかどうかの判断がつけられるということである。

(2)　製品の安定度

　ODC属性単位で成長曲線を見ると、時系列で安定度の推移がわかる。図5.11にあるように、タイプ副属性「Function(機能性)」の出方が、プロセス・シグネチャーと比べて多い。

　そこで、「Function(機能性)」の不具合の時系列な出方を成長曲線で表してみると、安定してきていることがわかる。

　ここで注意すべきことは、プロセス・シグネチャーの分布予想においては、「工程単位での分布の形」「割合の多い属性の順番」が見るべき点だということである。出方の数値的割合％が多い少ないにはあまりこだわる必要はない。

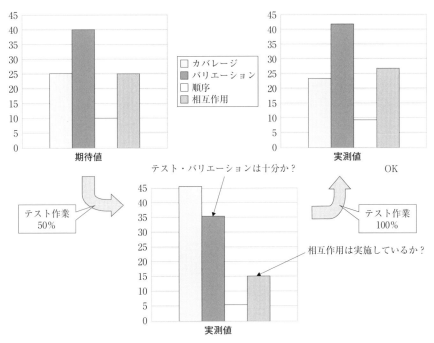

図5.10 工程内でのトリガー属性分布の推移

5.4.3 プロセス実施の「やり方の質」の有効性・十分性の評価

(1) オープンvs.クローズの推移

　オープン状態(未修正)の不具合の累積と、クローズ状態(修正完了済み)の累積を比較すると、不具合修正作業が消化できているか、ひいては開発体制の混乱度合が判断できる。

　オープンとクローズの間の「隙間」を評価してみる(図5.12)。

　隙間が非常に小さいのが理想的な状態である。オープンのペースに比してクローズのペースが上回れば、やがてオープン数とクローズ数が近づき、一致する。

　一方、オープンが増え続け、クローズが間に合わず、隙間がどんどん開いていくのは危険な状態である。

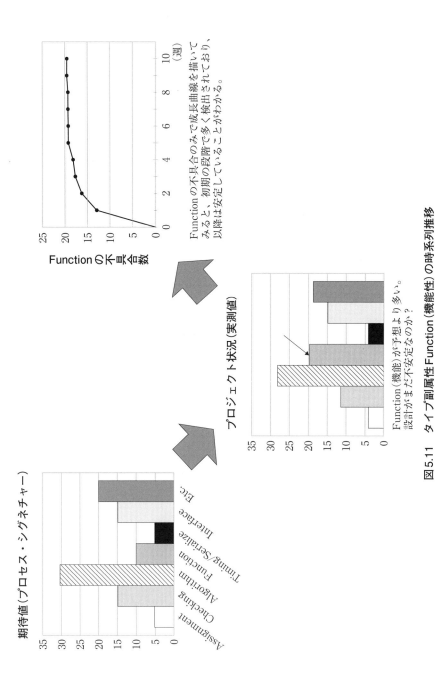

図5.11　タイプ副属性 Function（機能性）の時系列推移

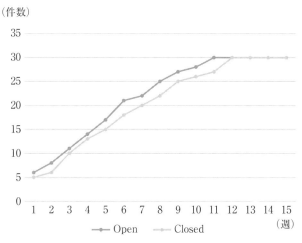

（件数）

図5.12　オープンとクローズの不具合数の累積

⑵　工程とトリガー属性

　スケジュール上の工程と実作業の「ずれ」を評価する。つまり、スケジュールのプレッシャーから起こる工程のオーバーラップが、許容できるかを判断することである。

　図5.13に示すのは、システムテスト工程でのトリガー属性分析結果である。

　指摘されたのは、以下のような事項である。

　バリエーション、カバレージ、相互作用など、システムテストに関連づかない前工程で(すでにテスト済みであるはずの)トリガー属性が多く検出されている。加えて、Blocked Test(テスト障害)が多い。これは、これまでのテスト工程での不具合検出の不足を示している。また、計画どおりのシステムテストになっていないことを意味し、システムテストの開始レベルに至っていないことを意味している。

⑶　トリガー属性の推移

　トリガー属性の推移を見ると、特定のプロセス実施の「やり方の質」の有効性が評価できる。その評価により、より複雑なテストシナリオを実行できるか

（件数）

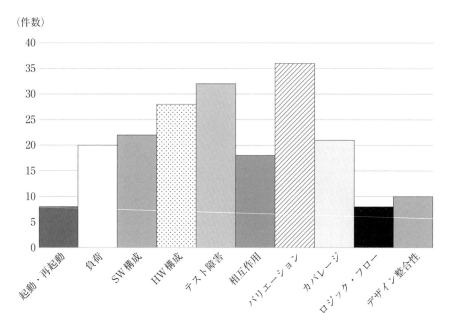

図5.13　システムテスト工程でのトリガー属性分析結果

どうか判断できるのである。

　単体テストにおけるトリガー属性の推移のうち、Simple Path Coverage（単純パス）とCombination Path Coverage（複雑パス）での検出不具合数の推移を図5.14に示す。

　複雑パスでの不具合が増える時期に、単純パスでの不具合の出方は減ってきている。つまり、機能の基本的部分は安定してきているので、このままテストを継続して構わないと判断できる。

5.4.4　設計とコーディングの評価

(1)　不具合発生の抑制（Defect Control）を目的とした工程改善の評価

　タイプ属性限定詞（Missing/Incorrect）で見るとわかりやすい（図5.15）。図5.15を見ると「アルゴリズム」のMissing（欠如）が、突出している。つまり、詳細設計の詳細化不足、レビューの不十分さが考えられる。Missing（欠如）以外

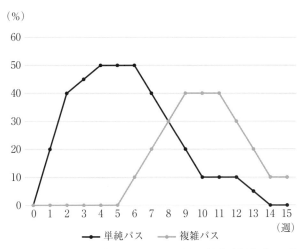

図5.14　単体テスト経過週ごとのトリガー属性の推移（単純パスと複雑パス）

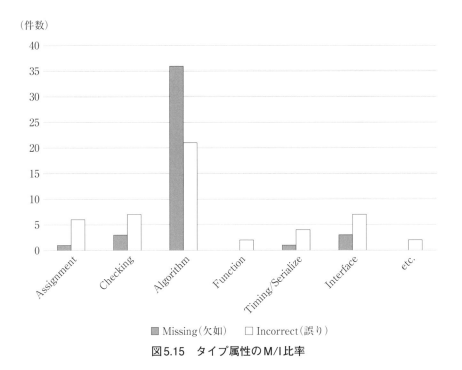

図5.15　タイプ属性のM/I比率

のタイプ属性は少ない。したがって、基本設計、コーディングは良好と見なす。

　以上、ODC分析の評価のポイントと見方のヒントについて、経験則的に述べた。

　ODC分析で最も重要なことは、分析結果が示すことをどう的確に見抜くかというところである。これは不具合を正確に分類することよりも重要である。

　分析結果が示すことを的確に見抜くには、経験を活かした洞察力を磨く必要がある。

　5.4.5項では、そうしたODC分析の評価に際して、いささか精神論的ではあるが、常に心がけるべき考え方と見方を述べる。

5.4.5　評価のためのヒント
(1)　これは計画どおりの、意図された変化なのか？

　プロジェクトは、期間中さまざまな変化、トラブルが起きる。それに伴って、状況は刻々と変化する。「要求、仕様の変更」「テスト計画の変更」など、一度決まったことにこだわらず、常に変化、変更に敏感に対応しなくてはならない。

(2)　「目に見えるもの」と同様に「そこにないもの」も重要な考慮点

　機能テストにおいて「カバレージ」の不具合が占める割合が非常に多い場合（図5.13）、考えられるのは、以下の可能性である。

可能性1：コードが不安定なことを示す（見えるもの）。

可能性2：スケジュールの関係で他のトリガー属性に関するテストがまだ実行されていない（そこにないもの）。相対的に「カバレージ」テストが先行しているだけの状態。

　原因はどちらにあるかは、確認してみればわかる。性急に「見えること」だけを追究するのは、危険である。

(3)　改善策の策定方針

　改善策の策定方針においては、妥当で具体的で実行可能な改善策を検討する。

　また、改善策は実施者(開発チームまたはテストチーム)が選択する。その際には、複数のODC分析結果を使って、納得感のある説明をすることが大切である。

　なお、ODC分析結果が示す数値の議論は避ける。数値はあくまで目安と考える。全体傾向こそが議論すべき点である。

　改善策は、全員の理解が一致できるような粒度、具体性をもって策定する。改善策の効果把握のため、メトリクスを定めて測定可能なものにする必要がある。

　望ましくない改善策は以下のようなものである。

1)　次期開発では、よりよく組織し、計画する(**先延ばし**)。

2)　チーム内のコミュニケーションに用いているグループウェアの利用方法を変えることで、コミュニケーションの向上を図る(**ツールに逃げる**)。

3)　工程の重なりを避けるため、よりよい計画を立てる(**精神論**)。

4)　不具合管理システムから5日以上OPEN状態のものを抽出し、プロジェクト管理者に送付する。管理者はこれを細かく見た上で、適切な担当者と話す(**即応性に欠ける**)。

以上が、現場でありがちなよくない議論事例である。

　具体的な改善策の策定については、筆者自身が展開を主導していた組織的な改善策策定方法論であるDPP(Defect Prevention Process)[3]がある。その詳細は、6.3節「改善施策の策定のやり方」を参照いただきたい。

第6章

ODC分析に関わる
開発プロセスについて

　本書ではこれまで、ODC分析について開発プロセスありきで、次のように解説してきた。

　ODC分析は、適用する開発プロセスの期待に応じた不具合属性の出方をしているかどうかを可視化して、開発プロセス固有の特性（プロセス・シグネチャー）と比較することで、プロジェクト推移の健全性が判定できるという分析理論である。

　さらにODC分析は、可視化された不具合属性の出方から「何かおかしい？」ことを見つけ、「何がおかしい」のかを明示して、改善すべき示唆として提供することで、改善策実施に結びつける、という不具合の分析手法である。

　つまり、開発プロセスにもとづいた開発であることを前提に、工程内での検証から発見された不具合には、ODC分析理論が当てはまる。

　さて、開発プロセスというものは、組織、企業の思想や考え、開発対象、開発体制の特徴などに適するように作られているはずである。そうなると、読者の方々の中には、日頃ご自分が業務で適用している開発プロセスについての理解と、本書での開発プロセスに関する記述に、疑問や認識の異なる部分を感じられる方もおられるのではないか。

　そこで、本書において、筆者が前提としている開発プロセスについての捉え方や考え方、プロセス実施の「やり方の質」について、読者の方々の理解を深めるために、次のような項目について説明を加えたい。

　6.1節「開発プロセスの『心』」、6.2節「開発プロセスにおける『検証』について」、6.3節「改善施策の策定の『やり方』」、6.4節「『利用時の品質』のODC分析への取り込み」。

6.1　開発プロセスの「心」

6.1.1　開発プロセス実施の「やり方の質」

(1)　開発プロセスを遵守するということ

　ソフトウェアに限らず開発組織において開発プロセスの位置づけとは、「**開発プロセスは、組織内共通に開発で遵守すべきルールである**」となっている（はず）であり、次のことを目的に策定されている（はず）である。

　1)　要求に合致した仕様、品質を実装するための作業指針を提供

　2)　開発作業の標準化（属人化の排除）

　3)　品質記録・開発管理のエビデンス管理（説明責任）

　簡単にいうと、「**開発プロセスのとおりに正しく開発すれば、正しい物が作れる**」と、いうことである。

　しかしながら、組織的な志によって定められた開発プロセスであっても、それを実践するのは意思のない機械でなく、個々の意思を持った人間の集まりである。そのため、開発プロセス実施の「やり方の質」に個人差が生じてしまうことがある。そこが、ソフトウェア開発の宿命的に悩ましいところである。

　「開発プロセス実施の「やり方の質」に個人差が生じてしまう」ことこそが開発プロセスの期待との乖離が生まれる根源であり、そこに不具合を生み出す原因がある、と筆者は考えている。だからこそ筆者は、開発プロセスの期待との乖離を早期に客観的に可視化でき、改善すべき事項を理論的に示唆してくれるODC分析の分析方法論に価値を見出している。

　では、そもそもその乖離をなくす、あるいは少なくするには、どうしたらよいのか？　その答えは、筆者が経験した開発現場でよく耳にする次の言葉にヒントがある。

　「……どうしてその作業をしているのですか？」

という問いに、

　「**開発プロセスで、やることになっているので、やっている**」と、大真面目に答える技術者の方々に、いく度となく出会った。

　当人は、プロセスを遵守しているという意味で、正しいことをやっていると

胸を張っているのだろうが、ここで筆者が引っ掛かったのは、「やることになっているので、やっている」という言葉の裏にある、当人の開発プロセスに対する認識が見えたからである。俗にいう、型どおりの仕事をこなしていると見えたからである。

(2)　開発プロセス実施の「やり方の質」の差

　具体的なある事例として、開発プロセスで「設計仕様書をレビューする」という作業が定義されていた場合の、XさんとYさん2人のレビューアのレビューに対する認識の違いが、異なる結果となった例を示す。

　レビュー対象の設計仕様書に、

　仕様：起動時に、項目Aに項目Bの値を設定する。

とあった。レビューアであるXさんとYさんは、レビュー結果を次のように報告した。

1)　Xさんは、設計仕様書の記述だけを読んで、起動時に必要な条件のなかに「項目Aが"＞0"であること」とあり、かつ項目Bは、バッテリー電圧の測定値とあるので、当然0ではないと思い、条件を満たすと判断して、この仕様を「問題なし」とした。

2)　Yさんは、設計仕様書のレビューということで、その上位文書である要求仕様書と比較しながら、設計仕様書の要求の抜け漏れがないかを検証していった。

　「項目Aが"＞0"であること」という条件を理解するために要求仕様書を見ると、項目Aは、操作パネルのバッテリー残量の3段階表示に使われていて、赤ランプ：残量なし、黄色ランプ：要充電、緑ランプ：稼働可と表示する、という要求仕様を見つけた。そのことからYさんは、項目Aにバッテリー残量の計測値(アナログ値)である項目Bを入れては、バッテリー残量表示の判定には使えないことがわかり、「問題あり」として、項目Aに設定するのは、項目Cのバッテリーチェッカーの値(デジタル値)にすべきと指摘した。

　ここで二人のレビュー結果が異なる理由は、

3) 「設計仕様書をレビューすることになっているので、設計仕様書をレビューした」という、Xさんと、

4) 「設計書のレビューとは、記述内容の正しさもさることながら、上位文書の要求仕様書の要求仕様が、抜け漏れなく設計に反映しているかを検証するためにやらなくてはいけない」と考えているYさん、とのレビューに対する認識の違いからくるものである。これが開発プロセス実施の「やり方の質」の差である。前述の2.6.2項「トリガー属性とレビューアの経験値との関係」を併せて参照いただきたい。

(3)　開発プロセス実施の「やり方の質」の差をなくすには

上記は極端な例ではあるが、開発プロセスに対する認識として、「やることになっているので、やっている」という人と、「こういう理由で、こういうことをやらないといけない」と理解している人とでは、その「やり方の質」に差が出て当然である、ということを是非認識していただきたい。

「やることになっているので、やる」という意識を形成してしまう場合、実は、**開発プロセスの記述の質にも問題があることが多い。**

定義する工程作業の1つとして、「設計仕様書をレビューする」という1行だけで表現するのではなく、開発プロセスの作業標準化という目的からも、誰がやっても等しく同じ作業ができるような記述が必要である。

設計仕様書レビューの定義であれば、例えば、「何をもとに、何が、どうなっていればよいかを、……する」という、以下のような記述レベルが必要である。

目的：設計仕様書が、要求事項を抜け漏れなく仕様化して、要求と整合性、妥当性があることを検証する。

入力文書（上位文書）：要求仕様書

完了条件：要求仕様書の要求項目と設計仕様書の仕様項目をすべて紐づけることができ、整合性、妥当性があることが検証されていること。

「やることになっているので、やっている」という風潮は、国内の製造業で

今でも多分に感じることがある。この風潮は1990年代半ば頃に一大センセーションを巻き起こしたISO 9000の認証ブームにあるのではないかと筆者は考えている。

　ISO 9000の認証を取らないと海外とビジネスができなくなる、という脅し文句に踊らされて、社長の号令一下、開発プロセスを設え、やっていることのエビデンスを揃えてと、本質は日頃からやっていることと大差ない作業ながら、来るべき認証審査に備えるということで、とてつもない書類作業を強いられたベテラン技術者の方も多いのではないだろうか。

　以来、認証維持のため定期的にやってくる審査のたびに、開発プロセスが登場してエビデンスをにわか仕立てで準備するという、本末転倒のイメージが定着しているのではないだろうか。これが「やることになっているから、やっている」という感覚に結びついているのではないか。

⑷　開発プロセスの期待を理解せよ

　当時、部門のISO 9000委員であった筆者は、米国IBM本社からのISO 9000教育で、「ISO 9000は、属人化を排した作業標準化をめざすもので、これまでの社内での日常業務での『やり方』と何も変わらない、変えるべきではない。ただ、確実にやるだけ」と教えられていた。

　しかしながら、日本企業にISO 9000が紹介されたときに、「プロセスどおりにやっているか？」を見られる、という言葉が一人歩きした結果、国内企業で一気に開発プロセスなるものが必要と信じて、立派なものが作られたことを、後年多くの企業で知った。

　筆者の調査によると、実は各企業は当時でも開発標準とか社内標準として現場に即した有用なものが存在していたのに、開発プロセスというタイトルの必要から、立派な装丁で、内容はおよそ「本当にやるの」と疑問に思えるような、難しいことが多く書かれているのをよく目にした。

　しかも、開発プロセス文書が技術者の手近にあることはまれで、課長の後ろの神棚のような本棚に鎮座しているのを時折拝見すると、気の利いたホテルの引出しに決まって入っている聖書を連想してしまう。およそ多くの日本人宿泊

客にとっては、まず手にすることのないものである。

　開発プロセスとは、そのようなものではなく、常に技術者の手元にあり、作業内容の目的、意義を理解する、判断に迷ったときには指針を得る教科書であるべきである。現実に合わないところがあれば、組織で議論して直していくべきものである。

　最近は、開発プロセスが社内イントラネットに掲載されて、いつでも見られるようになっていることが多く、便利になったと感じている。ぜひ事あるごとに読み返して、吟味していただきたいものである。

　つまり、開発プロセスに対する認識は、「やることになっているので、やっている」というのではなく、「こういう理由で、こういうことをやらないといけない」と開発プロセスの期待を理解することが重要で、理解すればするほど「やり方の質」を向上させることができる、と実体験からそのように考えている。

　それには、開発プロセスの期待を**理論的に理解**しておく必要がある。筆者はそれを**「開発プロセスの心」を理解**すると呼んでいる。

　では、「開発プロセスの心」とは何か、基本に立ち戻って考えてみる。その基本を、ソフトウェア開発プロセスモデルに求めてみる。

6.1.2　ソフトウェア開発プロセスモデル　V字モデル(静的)

　本書でのソフトウェア開発プロセスモデルは、国際標準である「ISO/IEC 12207: Software Life Cycle Processes」「ISO/IEC/IEEE 15288: System Life Cycle Processes」で、参照しているソフトウェア開発のプロセスモデルであるV字モデル(Vee-model)をさす(以下、開発プロセスモデルあるいはV字モデル)。詳しくは、INCOSE SYSTEMS ENGINEERING HANDBOOK V.4[4]を、参照されたい。

　ここで、まず開発プロセスモデルについて注意していただきたいのは、**開発プロセスモデルは、開発プロセスではない**、ということである。あくまでプロセスの考え方のモデルであって、これに従って実開発業務ができるような開発プロセスそのものではない。

　図6.1(図2.3の再掲)にあるV字モデルは、ソフトウェア開発の**静的な**V字モ

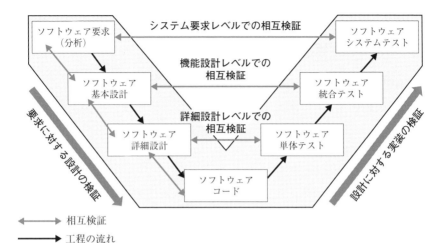

相互検証
工程の流れ

（出典）INCOSE SYSTEMS ENGINEERING HANDBOOK V.4 A GUIDE FOR SYSTEM LIFE CYCLE PROCESS AND ACTIVITIESより（著者による改変と日本語訳および加筆）

図6.1　ソフトウェア開発プロセスモデル　V字モデル（静的）[4]（図2.3の再掲）

デルを示している。このV字モデルの意味することは、次のとおりである。

(1)　工程定義

工程定義として、次の工程が定義され、遂行順番が示されている。

- ソフトウェア要求（分析）工程
- ソフトウェア基本設計工程
- ソフトウェア詳細設計工程
- ソフトウェアコード工程
- ソフトウェア単体テスト工程
- ソフトウェア統合テスト工程
- ソフトウェア・システムテスト工程

　この順番で工程が進行することが矢印で示されている。これは工程の進行順番を示しているだけで、ウォーターフォール開発を意味しているものではない。反復開発であれ、アジャイル開発であれ、小さなV字の繰り返し開発と解

釈されており、この工程順番はいずれにおいてもソフトウェア工学的に普遍的な順番とされている。

(2)　検証定義

V字の左側と右側の工程については、それぞれ次の検証目的を持っている。

1)　V字の左側工程：要求に対する設計の検証

2)　V字の右側工程：設計に対する実装の検証

つまり、以下のようなことである。

①　設計では、要求仕様どおりの設計になっているかを検証する。

②　テストでは、設計仕様どおりの実装になっているかを検証する。

(3)　工程相互間の検証

このV字モデルが示す最も重要なことは、工程相互間の検証の必要性を示している、ということである。

この工程相互間の検証は、図6.1の水平方向、前後方向の矢印がさしている次の2方向の検証方向で示されている。

1)　**水平方向**：V字の左辺と右辺、すなわち設計工程とテスト工程とでそれぞれ対応する工程間での相互検証を示す。

2)　**前後方向**：各工程において、その前工程との相互検証を示す。

この2つの方向について、具体的には次のことを意味している。

①　**水平方向：ソフトウェア設計工程とテスト工程との間の相互検証**

1)　**ソフトウェア要求（分析）とソフトウェア・システムテスト間**

システム設計レベルでの相互検証である。

ソフトウェア要求仕様書とシステムテスト仕様書（テストシナリオ）間で機能要求、非機能要求に対して、抜け漏れなく、仕様に整合性、妥当性があるかを検証する。

また、システムテストで、ソフトウェアが要求仕様書にあるとおりの動き、振舞いをしているかを検証する。

その結果、システムテストにて、要求仕様に不合理なことがあれば、要求仕

様の変更要求をする。

2)　ソフトウェア基本設計とソフトウェア統合テスト

機能設計レベルでの相互検証である。

基本設計仕様書とソフトウェア統合テスト仕様書（テストケース、テストシナリオ）間で、機能仕様に対して、抜け漏れなく、仕様に整合性、妥当性があるかを検証する。

また、ソフトウェア統合テストで、基本設計書にあるとおりに機能の動き、振舞いをしているかを検証する。ソフトウェア統合テスト実行後、基本設計仕様に不合理なことがあれば、基本設計仕様の変更要求をする。

3)　ソフトウェア詳細設計とソフトウェア単体テスト

詳細設計レベルでの相互検証である。

詳細設計仕様書とソフトウェア単体テスト仕様書（テストケース）間で、詳細設計書にある機能単位、構造単位（コンポーネントあるいはモジュール）での仕様に対して、抜け漏れなく、仕様に整合性、妥当性があるかを検証する。

また、ソフトウェア単体テストで、詳細設計書にあるとおりに機能の動き、振舞いをしているかを検証する。ソフトウェア単体テスト実行後、詳細設計仕様に不合理なことがあれば、詳細設計仕様の変更要求をする。

②　前後方向：各工程における、その前工程との相互検証

基本的に前後方向の検証とは、前工程での成果物をもとに作成された現工程での成果物が、抜け漏れなく、整合性、妥当性を持って作成されていることを相互に検証することである。

1)　ソフトウェア要求仕様とソフトウェア基本設計との相互検証

要求仕様書と基本設計書との間で機能要求、非機能要求に対して、抜け漏れなく、設計仕様に整合性、妥当性があるかを検証する。

ここでの検証は、基本設計レビューで実施されるが、要求漏れの多くはこの時点で発生する。文章同士の突き合わせではレビュー効率が悪く、見落としも発生しやすい。

そこで、要求仕様から設計仕様までの設計展開を、要求仕様1件ごとに設計仕様展開が階層化されて一覧で把握できる記述方法であるUSDM（Universal

Specification Describing Manner)が、経験的に有効な手段といえる。

　検証の結果、要求仕様に不合理なことがあれば、要求仕様の変更要求をする。

2)　ソフトウェア基本設計とソフトウェア詳細設計との相互検証

　前工程の成果物である基本設計書と、現工程の成果物である詳細設計書との相互検証である。

　前工程の基本設計でアーキテクチャ設計を取り入れることで詳細設計に向けて機能分割、構造分割、機能の振舞い、機能間の連携などを、ロバストネス分析などで明確にしながら次のような設計図を作ることで、詳細仕様化の単位が明確になり、レビューしやすくなる。

- ユースケース図
- シーケンス図
- 状態遷移図
- コミュニケーション図
- ブロック図
- コンポーネント図
- 分析クラス図など。

　詳細設計レビューにおいては、基本設計での機能単位、構造単位ごとの機能の振舞い、機能間の連携などの整合性、妥当性を検証する。

　非機能要求に対しても、対応する基本設計要求事項をもとに、この時点でも次のことの設計考慮を紐付けることで、検証できる。

- 機能適合性
- 互換性
- 使用性(操作性、ユーザーインターフェース)
- 信頼性(エラー復旧性)
- セキュリティ
- 保守性(モジュール性、再利用性、試験性)

　詳細設計レビューにおいて、基本設計仕様に不合理なことがあれば、基本設計仕様の変更要求をする。

3) ソフトウェア詳細設計とソフトウェアコードとの相互検証

前工程での成果物である詳細設計書と現工程での成果物であるコードとの仕様の実装度合いの相互検証である。

コードの検証は、コード・インスペクションとしていろいろやり方はあるが、作成者個人以外の客観的な目でコードを検証することが重要である。

相互検証では、詳細設計書の機能単位、構造単位で、あるいはもっと小さいコンポーネント単位で行うのが、レビューアがロジックを追うのに集中できてやりやすい。また、経験豊富な有識者がレビューに参加することで、過去の不具合、起こしやすい誤りを早期に発見できる。

コード・インスペクションでは、個々の機能的な実装度合いのみならず、コーディング・ルール（コーディング規約）、機能分割、構造分割の妥当性、外部呼び出しおよび内部呼び出しの正確性、変数の扱いの一貫性（特にグローバル変数のルール）など、詳細設計との整合性、妥当性、実現可能性を検証する。

コード・インスペクションでの不具合は、コード修正ですぐ治るが、詳細設計書の変更、修正が入る場合は、漏れなく更新を行う。

ここまでの設計工程では、要求仕様を起点にして、前工程のレビュー済みの成果物を「正」として、現工程の成果物の誤りを見つける、という積み上げ的な検証が方向性となる。

4) テスト工程での前後工程の検証

次に、テスト工程での前後工程の検証になるが、これまでの「前工程の成果物を正とする」検証の方向性の継承として**「設計仕様どおりの実装になっているか」**が検証観点となる。

同時にここからは、「**設計仕様は本当に正しいか**」という観点が加わる。このことは、Validation（妥当性検証）と言われることである。

では、何をもって本当に正しいといえるのか？　簡単に言うと、**仕様どおりに作れても、ユーザーに受け入れられないと意味がないということである。**

したがって、仕様どおりであることの検証に加え、さらにその仕様がユーザーの期待に答えているか、という検証が必要である。

それには、仕様の正常系のみのテストでは不十分である。

　意図して間違った操作をする、想定にないデータや環境での稼働など、「仕様にないことが起きたらどうなるか？」「たとえ間違っても、独力で復旧できるか？」さらに「思っていた以上のことができる」というユーザーの期待、立場に立った検証観点が必要である。

　さらに昨今重要視されている「**利用時の品質**」の取り込みが必要となっている。「利用時の品質」についてのODC分析への取り込みについては、6.4節にて述べる。

　ここで、4.1節「開発プロセス定義と不具合との関係」で解説した、開発プロセスの工程目的と検証目的を振り返っていただきたい。その中で、テスト工程は通常いくつかの工程に分けて計画され、小さな規模から、段階的に大きな規模にテスト範囲を広げて、最終的にソフトウェア全体をテストする段取りになっている。

　そのため、テスト工程間での前後の相互検証、および設計成果物との水平方向の相互検証を抜け漏れなく、また無用な重複なく計画し、検証できるようにするために、**全体テスト計画書**の策定をお勧めしている。

　この全体テスト計画書は、筆者自身も業務で策定していたもので、社内での開発プロセスでテスト計画として作業定義されていて、CTP（Comprehensive Test Plan）と呼ばれていた。ひと言で言うと、テスト工程全体のマスタープランと言われるもので、テスト工程全体で検証すべき全項目を洗い出し、各テスト工程の工程目的に沿って割り振り、各検証目的に沿ったテスト項目を計画するものである。さらに、その計画が全体で抜け漏れなく、重複なく検証項目がカバーされているかどうかをレビューできるようになっている。

　この全体テスト計画書について、その詳細を述べるのは本書の趣旨ではないが、ODC分析で前提とする開発プロセスに沿ったテスト工程での、計画的なテストと妥当な不具合検出を図るために、また、トリガー属性の適切な配置を検証するためにも有益と考え、筆者が策定していた全体テスト計画書の簡単な概要を紹介する。

③　全体テスト計画書の概要

　各テスト工程でのテスト計画の策定に先立って、プロジェクト終了までの品

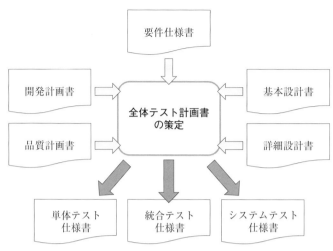

図6.2　全体テスト計画書　策定概要

質検証の方針・方法論を記述する「全体テスト計画書」をまず策定する(図6.2)。これは、テスト工程全体のマスタープランとなるもので、プロジェクトで策定するさまざまな計画書の中でも、特に重要な計画書の1つである。全体テスト計画書は、プロジェクト計画書(開発計画書)、要求仕様書、基本設計書、詳細設計書、品質計画書などの技術情報をもとに、開発責任者(PM)あるいは品質責任者(QAマネージャー)が責任を持って策定し、プロジェクト内でのレビューを経て、発行されるものである。

　V字モデルでの設計工程(左辺)に対応した全体テスト計画書および各テスト計画書(仕様書)関係は、図6.3の例で示す。

　この対応図例は、車載システム開発の方々には馴染み深いAutomotive SPICEのプロセスに対応したものである。

　全体テスト計画書は、各テスト工程のテスト計画を包含して策定される。各テスト工程でのテスト計画は、それぞれの検証目的に沿って検証範囲が決められる。例えば、組込システムの場合、H/Wを除いたシステム観点から概念的に図6.4のようになる。

　昨今、分業が当たり前になっている開発現場では、各分業チーム間でのコミ

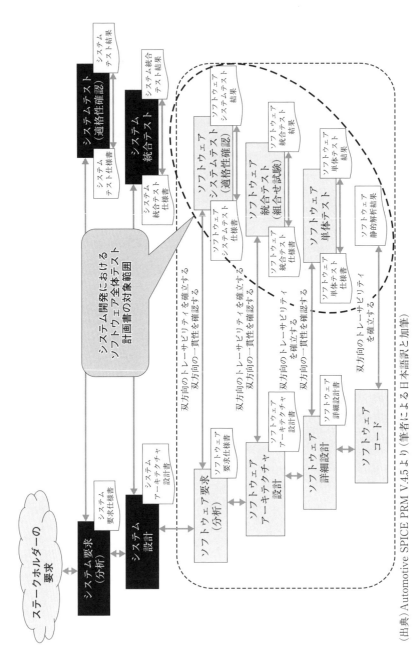

（出典）Automotive SPICE PRM V.4.5 より（筆者による日本語訳と加筆）

図6.3　全体テスト計画書のカバレージ例

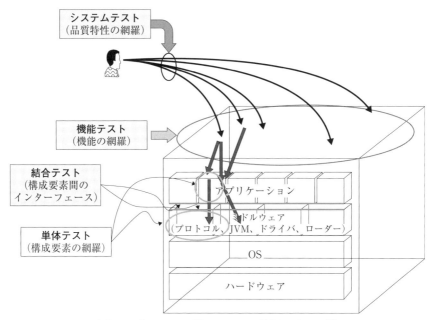

図6.4 各テスト工程でのテスト範囲のイメージ

ュニケーション不足はしばしば問題になる。

　例えば、テストチームにおいても、単体テスト、統合テスト、システムテストの各チーム間でのコミュニケーションが不足すると、お互いにテスト範囲、テスト観点、テスト方法を知らないまま、独立したテスト計画、テスト仕様書を策定してしまいがちである。すると後になって、テスト範囲の隙間の存在によるテスト漏れ、あるいは重複したテストの実行など問題が噴出する。また、不具合管理情報の共有不足も、既知の不具合を知らずに、他チームが無効なテストを実行していたりする。

　そうした問題を出さないためにも、最初に全体のテスト内容を一同に把握できる全体テスト計画書の意義は大きい。

　全体テスト計画の妥当性、十分性のレビュー、それに伴う各テストでのカバレージの把握など、テストの準備として時間と労力が費やされるのも事実である。

　後年筆者は、USDMを仕様レビューのみならず、テストカバレージの把握

の目的で、USDMの各仕様階層に合わせて、単体テスト、統合テストのテストケースを割り振り、最上位の要求仕様レベルで、システムテストのテストシナリオを割り振って、全体のカバレージ、整合性、妥当性をレビューする方法を編み出して、レビューの効率化を図ることができた。

　以上の水平方向の相互検証と、前後方向の相互検証は、次項のV字モデルの動的に意味するところにつながる。

6.1.3　ソフトウェア開発プロセスモデル　V字モデル（動的）

　ここまで、開発プロセスモデルのV字モデルの静的な側面を見てきた。次に、V字モデルが示す動的な側面を示す。

　これまでの静的なV字モデルの説明には、工程の順番はあっても、動きのある時間軸の概念は入っていない。

　INCOSE SYSTEMS ENGINEERING HANDBOOK V.4[4]では、この時間軸の概念についても言及されている。

　図6.5は、V字モデルの時間軸と、その経過に伴うあるべき姿を示したものである。左側はプロジェクトの初期、右側はプロジェクト後期の時点を表わしている。

(1)　V字モデルに動的意味を持たせる時間軸
①　システム開発のV字プロセスモデル（基本形）

　図6.5においてV字モデルの時間軸は、V字を縦に貫く矢印で現時点を示す。時間軸の進む方向は、V字の左端から右端に水平移動する。したがって、工程を跨ぐ場合もある。このことは、次の上下運動とも関連する。

　時間軸は、必要に応じて上方向あるいは下方向の工程を行き来して、同時点での反復開発あるいは検証があり得る（前項での前後工程の相互検証と同意）ことを意味する双方向矢印で示す。

　また、時間軸の通過した部分（左側）は、確定した設計ベースラインを、これから通過する部分（右側）は、これから確定すべき設計ベースラインを表す。つまり、時間軸は、設計ベースラインの成熟度合いをも示す。

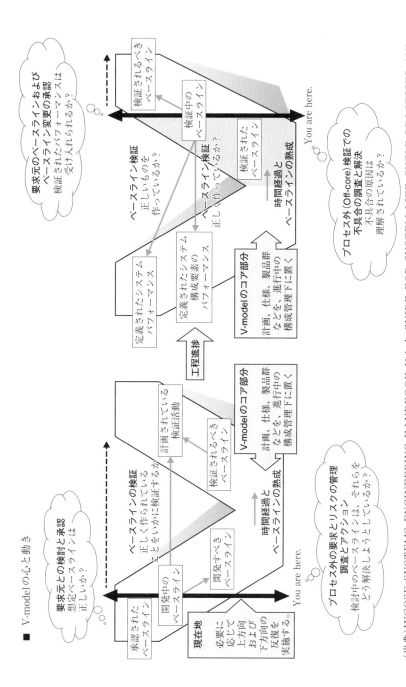

図6.5 V字プロセスモデルの動的な側面

(出典)INCOSE SYSTEMS ENGINEERING HANDBOOK V.4 A GUIDE FOR SYSTEM LIFE CYCLE PROCESSES AND ACTIVITIES より（筆者による日本語訳と改変および加筆）

155

　そして、時間軸が、Ｖ字の最下点(コード工程を通過した時点)で、設計ベースラインの確定を意味する。

　さらに、時間軸がテスト工程に入ると、Ｖ字の最下点(コード工程を通過)時点から時間軸の左側部分が検証済みベースラインを意味する。この検証ベースラインは、対応する設計ベースラインとの水平方向の相互検証に他ならない。

　不具合などで、設計ベースラインが変更になれば、当然検証ベースラインも相応に変更になる。その影響範囲によって、検証の前後工程の相互検証の反復も発生することになる。この設計ベースラインと検証ベースラインを正確に対応づけるには、構成管理が確立されていることが必須になる。

　このようにして、時間軸がＶ字の右端にきた時点で、計画した設計・検証の全工程を完了したことを意味する。そして、設計ベースラインがすべて検証済みベースラインになった、ということを意味する。

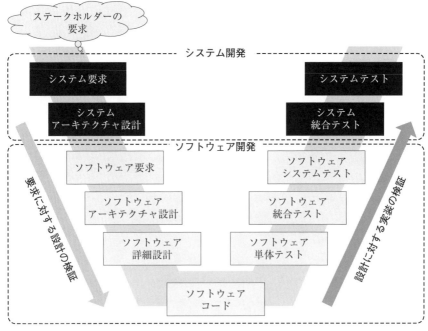

図6.6　システム開発のＶ字プロセスモデル(基本形)

　ここまで、V字プロセスモデルを使って、開発プロセスの「心」すなわち、**前後方向の工程の相互検証と水平方向の設計と検証の相互検証**を、述べてきた。

　ここまでの説明では、ソフトウェア開発のV字プロセスモデルについて、解説してきたが、システム開発でのV字プロセスモデルについても見ておきたい。図6.6にシステム開発のV字プロセスモデルを示す。大きなシステム開発のV字の一環で、ソフトウェア開発が組み込まれている。図6.7では「システム開発のV字プロセスモデル（IPA ESPR V2.0）」の概略を示す。

　ハードウェアを含むシステム開発あるいは組込み開発は、形は多重化あるいは階層化されるが、志と意味するところはソフトウェア開発のV字プロセスモ

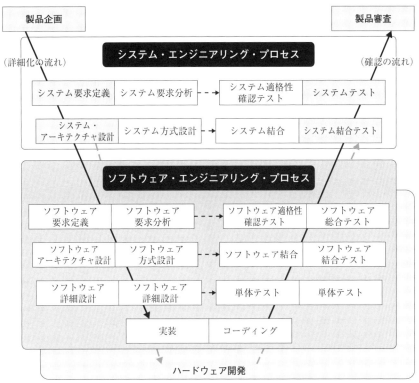

図6.7　システム開発のV字プロセスモデル（IPA ESPR V2.0）筆者による改変および加筆

デルと同じである。

②　システム開発　Ｖ字プロセスモデル（多重化）

システム開発で、ソフトウェア、ハードウェアを同時に開発する場合がある。同時開発は、特に組込みソフトウェアの開発で多い。その場合は図6.8にあるようなＶ字の多重モデルとなる。

Ｖ字多重モデルの特徴は、以下のとおりである。

1)　システム要求分析を起点にして、システムアーキテクチャ設計工程後、ソフトウェア開発工程、ハードウェア開発工程に分岐していく。

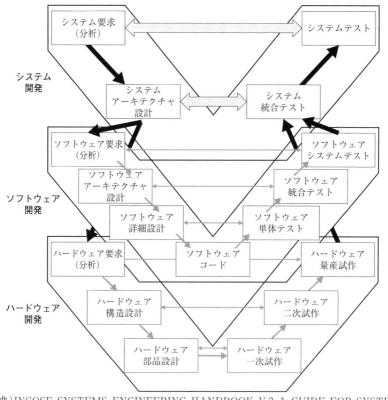

（出典）INCOSE SYSTEMS ENGINEERING HANDBOOK V.3 A GUIDE FOR SYSTEM LIFE CYCLE PROCESSES AND ACTIVITIESより（筆者による日本語訳と改変および加筆）

図6.8　システム開発　Ｖ字プロセスモデル（多重化）[4]

2) ソフトウェア、ハードウェアそれぞれの開発工程でのシステムテスト完了
レベルを揃えて合体し、システム開発工程でのシステムテストを実施する。

V字多重モデルを実施する場合、開発開始時点で、ソフトウェア、ハードウェア双方の要求レベルを明確に取り決めておく必要がある。つまり、ハードウェアの稼働テストで必要なソフトウェアの開発レベルとソフトウェアの各テスト工程で必要なハードウェアの開発レベルの両方を全体テスト計画書で事前に決めておく。同時に、不具合を管理する場合も、どのレベルで起こった不具合かを明確にしておくことが、再現性を高めるために重要である。

③ システム開発のV字モデル（応用）

車載システム開発での開発審査基準となるAutomotive-SPICEのPRM（Process Reference Model）では、図6.9のようにV字モデルを使ってシステム開発の品質検証プロセスが定義されている。ここでも、V字モデルの、水平方向および前後方向の工程間相互検証が義務づけられている。

④ 反復開発／インクリメンタル開発の場

反復開発やインクリメンタル開発あるいはアジャイル開発の場合でもサイクリックな開発工程の1サイクルを取り出せば、これまでのV字モデルと同じ小さなV字の繰り返しである。

この場合、ICOSE SYSTEMS ENGINEERING HANDBOOK[4]によると図6.10にあるように以下の点に注意しなければならない。

1) サイクルの計画とサイクル移行の基準を明確にする。
2) ベースライン管理、変更管理、構成管理、不具合管理は、サイクルごとに独立して管理し、かつサイクル間で共有する。
3) リスク管理は、サイクルを跨いで伝承していく。

6.1.4 開発プロセスと成果物の連鎖

これまで、開発プロセスにおける検証として、水平工程での相互検証、前後工程での相互検証の必要性を述べてきた。

では、「何をもって検証するか？」と言うことについて述べる。

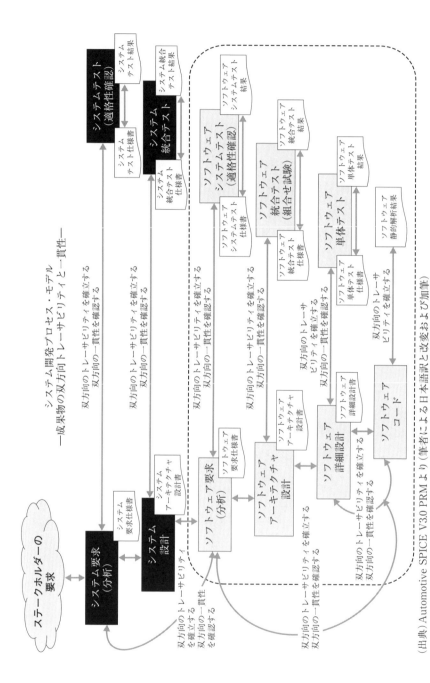

図6.9　PRM (Process Reference Model)

（出典）Automotive SPICE V3.0 PRM より（筆者による日本語訳と改変および加筆）

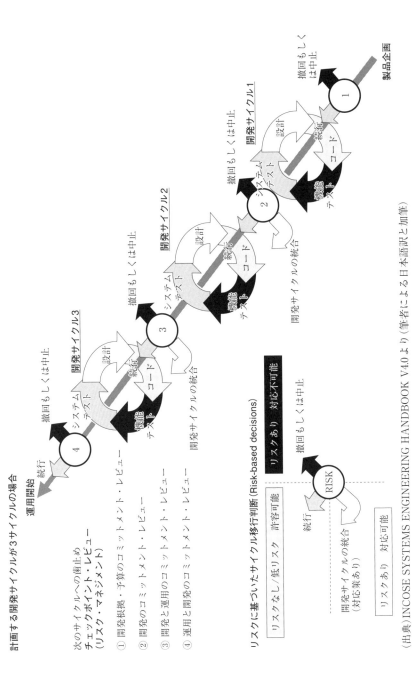

計画する開発サイクルが3サイクルの場合

次のサイクルへの歯止め
チェックポイント・レビュー
(リスク・マネジメント)

① 開発根拠・予算のコミットメント・レビュー
② 開発のコミットメント・レビュー
③ 開発と運用のコミットメント・レビュー
④ 運用と開発のコミットメント・レビュー

リスクに基づいたサイクル移行判断 (Risk-based decisions)

リスクあり 対応不可能

リスクなし/低リスク 許容可能

リスクあり 対応可能

図6.10 反復開発/インクリメンタル開発

(出典)INCOSE SYSTEMS ENGINEERING HANDBOOK V4.0 より (筆者による日本語訳と加筆)

161

(1)　開発プロセスから見た成果物の連鎖

　開発プロセスで定義される各工程での成果物は、一般的に図6.11のようになっていると想定する（開発プロセス定義によって用語は異なる）。

　図6.11が示すことは、次のようなことである。

1)　開発は、要求仕様書を起点に始める。要求仕様書は、要求元とのレビューを経たものである。

2)　基本設計工程において、要求仕様書をもとに、成果物である基本設計書を策定する。そのためのユースケースをはじめアーキテクチャ設計書を作成する。基本設計書は、基本設計レビューを経て正式にする。

3)　詳細設計工程において、基本設計書をもとに、成果物である詳細設計書を策定する。そのための分析クラス図などアーキテクチャ設計を詳細化する。詳細設計書は、詳細設計レビューを経て正式にする。

4)　コード工程において、詳細設計書をもとに、成果物であるソフトウェアコードを作成する。ソフトウェアコードは、コード・インスペクションを経てテスト対象ベースラインとなる。

5)　単体テスト工程においては、詳細設計書をもとに、単体テストケースを策定する。

　　単体テストケース・レビューを経て、単体テストを実施する。成果物は、単体テスト完了レベルのソフトウェアコードとなる。

6)　統合テスト工程において、基本設計書をもとに、統合テスト計画書およびテストケースを策定する。統合テスト計画書レビューを経て、単体テスト完了ソフトウェアコードを対象に、統合テストを実施する。

　　成果物は、統合テスト完了レベルのソフトウェアコードとなる。

7)　システムテスト工程において、要求仕様書をもとに、システムテスト計画書およびテストシナリオを策定する。システムテスト計画書レビューを経て、統合テスト完了ソフトウェアコードを対象に、システムテストを実施する。

　　成果物は、システムテスト完了レベルのソフトウェアコードとなる。

8)　出荷判定において、システムテスト完了レベルのソフトウェアコードの出

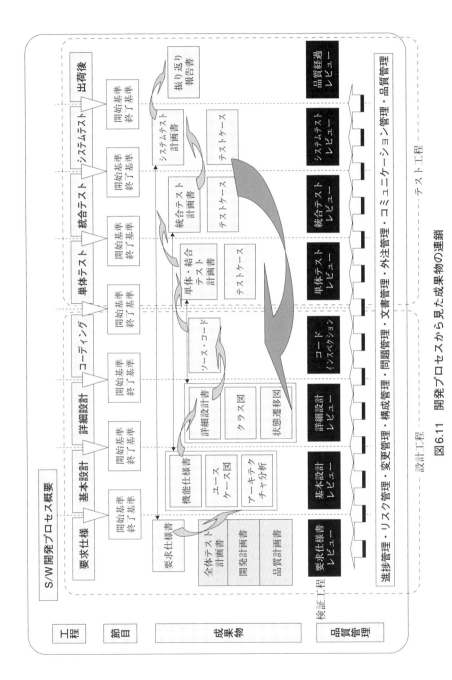

図6.11 開発プロセスから見た成果物の連鎖

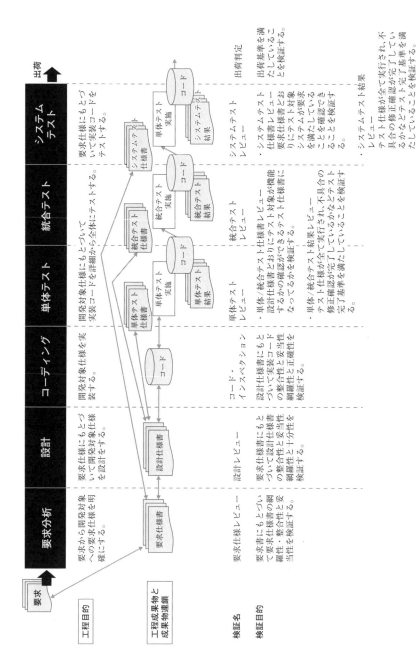

図6.12　成果物の連鎖　詳細

荷判定を行い、出荷条件を満たして承認されると出荷ベースラインになる。
以上の「成果物の連鎖」を、図にすると図6.12のようになる。

「何をもって検証するか?」と言う問いに対して、本書では上記にある、上流から下流へ各工程において上位成果物を正として、それを定規(こうあるべき)として、下位成果物がその定規と一致していることが正しいとする。こうして「正しいとすること」を継承して積み上げていくと正しい物ができるという、「品質の積み上げ」方式の考え方である。

6.2 開発プロセスにおける「検証」について

6.2.1 検証とは

辞書(『大辞林 第三版』、三省堂、2006年)によると「検証」とは以下のような意味である。

> ①真偽を確かめること。事実を確認・証明すること。「誤りがないかどうか_する」②裁判官などが推理・推測などによらず、直接にものの形状、現場の状況などを調べて証拠資料を得ること。「_調書」→書証 ③〖論〗〔verification〕判断・命題の真偽を実地に確かめること。特に科学では、ある仮説から論理的に導出される結論を、実験や観察の結果と照合し、当の仮説の真偽を確かめること。論理実証主義においては、ある命題が観察命題の集合から論理的に演繹可能であることをいう。

本書での「検証」についての考え方は、次の「(1)Verification(検証)」のとおりである。

(1) Verification(検証)

検証とは、「上位工程で定めた仕様(こうあるべき)が明確になっており、下位工程でもそのとおりになっていること」を確認すること、である。したがって、基本設計書の仕様に対して、詳細設計書の仕様がそのとおりの詳細化がな

されていれば正しく、逸脱していると誤りとなる。

　本書の検証についての根本的考えである上流工程から下流工程へ上位文書を正しい定規(こうあるべき)として、下位文書がその定規と一致していることを正しいとする。こうして「正しいとすること」を継承して積み上げていくと正しい物ができるという、「品質の積み上げ」方式の考え方である。

　これは、6.1.4項の成果物の連鎖と同じ考え方である。

　正しい定規(こうあるべき)から逸脱した誤りに正当性があるかどうかは、後述のValidationの議論になる。

(2)　検証工程

　検証工程は、開発工程で作成される成果物すべてに対して実施される一連のレビュー作業、テスト作業をさす。

　テスト工程も検証工程の一部であり、検証工程のすべてではない、ということを認識していただきたい。特に、テストについての考え方は、次の6.2.2項で述べる。

(3)　Validation

　Validationという言葉は、日本語で「適格性確認」と訳されることが多い。この訳が適切かどうかは別にして、昨今重要な要素となっている。

　Validationとは、**「最終的にユーザーに受け入れられるか?」**という問いである。

　「ユーザーに受け入れられるかどうか」は、これまで積み上げてきた「こうあるべき」をひっくり返しかねない重要な問いであり、設計当初より考慮すべき要素である。

　最も直接的な適格性確認は、プロトタイプなどで要求元ユーザーに確認してもらうことである。

　具体的には、要求仕様のUSDM化、モデリング、ラピッド・プロトタイピングなどの手法を使って、可視化して確認できる方法が有効である。

6.2.2 テストについての考え方　Verification と Validation

6.2.1項で、テスト工程も検証の一環であると述べた。

その根拠は、「検証 = Verification」ということにある。「こうあるべき」という基準があってこそ、テストの結果がそのとおりかどうかが検証できる、ということである。

本書の中で、統合テストを機能テストと位置づける場合があるが、正確には「機能テスト = Functional Verification Test」ということである。実際、筆者が業務で適用していた開発プロセスでは、「機能テスト = Functional Verification Test（FVT）」「システムテスト = System Verification Test（SVT）」と定義されていた。

そしてテスト目的として以下のように使い分けられていた。
1)　基本設計仕様どおりの動き、振舞いを検証：VerifyするのがFVT
2)　要求仕様書の仕様どおりの稼働を検証：VerifyするのがSVT

システムテストの主旨からSystem Validation Testと呼ぶべきという意見も一部にはある。

では、Verification（検証）でないテストはあるのか？

「実験（Experiment）」がそれである。

Experiment（実験）は、うまく行くかどうかはわからないが、ともかくやってみる。という実験室的なテストである。これを業務として定義するには、あまりに当てがなさすぎる。しかし、単体テストは、ある意味これに近い部分があるため、単体テストは、Unit Testであり、Unit Verification Testとは言わない。

「実験」に似た言葉に「冒険」がある。

「冒険とは、成功する見通しがあって挑戦することを言う。見通しもなく、闇雲に挑戦することを無謀と言う。両者は似て非なるものである」
と、よく言われる。

さて次に、「検証」としてのテストについて、考え方を述べる。

⑴　「テストは不具合を見つけるため」という考え方について

　多くの方々が「テストは不具合を見つけるため」と思っているのではないだろうか。作業目的からすると、それは正しい。不具合は見つけないより見つけたほうがよいことは論を待たない。

　よって、テストで不具合を多く見つけたということは、大量の不具合が市場に出ることころを、「最後の砦」となって食い止めたということであり、テストチームが称賛されることに異論を挟む余地はない。

　しかしながら、2.4節において、筆者は以下のように述べた。

- 検証工程で、不具合は少ない程、開発プロセスの規定どおりに開発活動が行われたと評価する。
- 検証工程で不具合が多発しているのは「何かおかしい」ことが起こっているためと判定する。

　読者の多くの方々が2.4節のこの記述を疑問に思われたと推察するが、テスト工程も検証の一環である。したがって、「**テストは、仕様どおりの動き、振舞いをすることを確認する**」ということが本来の検証目的である。

　そこで、是非考えていただきたいのは、「**テストで不具合を多く見つけた**」ということの意味するところである。

　プロセスの見地からみると、図2.5(p.18)にあるように、誰かがどこかで埋め込んだ不具合が、発見されないまま次工程、次々工程へと漏れていくと、最悪の場合、市場に漏れてしまうことになる。

　つまり「テストで不具合を多く見つけた」ということは、上流の要求分析、設計、コーディングの各工程内で不具合を発見できず、「**多くの不具合がテスト工程まで漏れてきた**」ということを意味している。

　このことは、逆に「**なぜ要求分析、設計、コーディングの各工程内で不具合が発見できなかったのだろうか**」と考えることと同義である。

　つまりは、「何かおかしい」ことが起こっていると考えるべきである。

　同時に、**上流工程での「検証」は機能しているのか？**　ということに想いを

馳せるべきである。

　例えば、要求分析での要求事項の見落とし、設計での仕様の誤り、プログラマーの仕様の理解不足など、人的作業が多くを占めるソフトウェア開発では、担当者のスキル、知識、能力の差によって起こり得る。なおかつ、ソフトウェア開発は個人作業が多いものである。

　極端な場合、1人の担当者が分担された要求項目を仕様化して、コードを書いて、単体テストまで他の誰の目にも触れず終わらせ、そのままビルドして初めて他の人にテストされるという、いわゆるブラックボックス化した開発現場を見たことがある。その結果、大きなシステム障害を起こし、ベテランを大量投入しての改修騒ぎを招き、スケジュール遅延、コスト・オーバーランとなった。

　そうした開発工程からの不具合の漏れを防ぐために、多くの開発プロセスでは、要求仕様書レビュー、基本設計レビュー、詳細設計レビュー、コード・インスペクション、さらに、テスト計画書レビュー、・テストケース・レビューといったレビュー作業が行われている。つまり多くの目を通して成果物の妥当性、正確性、網羅性、十分性などが検証されることと記述されている(はずである)。

　しかしながら重要なのは、開発プロセスで定義されているレビューの期待にあった**「やり方の質」**をもって実施しているか、ということである。

　筆者がこれまでコンサルティングで拝見してきた多くのプロジェクトにおいて、レビューの「やり方の質」について、次のような指摘をたびたびしてきた。

① **レビューの基準(「何をもってよしとするか」)はあるか?**

　全員で同じレビュー対象物だけを眺めていても、良し悪しは判断できない。レビューの基準となるのは、入力である前工程の成果物(要求仕様書、設計仕様書など)であり、レビューの観点は、レビュー対象物がそれらと整合性・妥当性をもっているかである。

② **レビューア(レビューする人)がそれにふさわしい知識、見識を持っているか?**

　若手設計チーム内だけでなく、類似製品の設計者、その領域での技術的権威、お客様情報を持っている営業など幅広い視野で指摘を受けることが有益な

レビューと考える。

　図2.15(p.48)および図2.16、2.17(p.50)にあるトリガー属性とレビューアの経験値の関係を参照いただきたい。

③　指摘事項は記録して不具合管理と同等に管理されているか？

　指摘に対する修正確認も、指摘したレビューアの合意をもってよしとしているか？　筆者の経験上、設計レビュー時の指摘データが管理されていない場合が多い。そうなると設計工程での検証実績が欠落してしまい、下流工程との因果関係を見ることができなくなる。

　効果的なODC分析を行うためには、設計レビュー時の指摘データをテストでの不具合管理と同等の管理しておく必要がある。

(2)　「テストは不具合を見つけるため」という考え方について

　ここまで、テストで不具合を見つける(見つかる)ことの意味について考えてきた。しかしながら、現実は品質確認と称してテストに依存した開発が多いのも残念ながら事実である。いつの頃からか、テストで不具合をすべて取り除くのは不可能と言われて久しく、ソフトウェア開発に携わっている読者の方々なら誰しも認識しているはずである。ましてや、テストで築いた不具合の山をようやく片付けて、「あ～これで、品質がよくなった」という昭和チックなことをいう現場責任者ももういないはずである。

　国際ソフトウェアテスト資格認定委員会(International Software Testing Qualifications Board)が制定したJSTQB認定テスト技術者資格の学習事項を示したシラバスによると、「テストに共通する目的」は以下のような事項である。

1.1.1　テストに共通する目的

すべてのプロジェクトで、テストの目的は以下を含む。

- 要件、ユーザーストーリー、設計、およびコードなどの作業成果物を評価する。
- テスト対象が完成し、ユーザーやその他ステークホルダーの期待どおりの動作内容であることの妥当性確認をする。

- テスト対象の品質に対する信頼を積み重ねて、所定のレベルにあることを確証する。
- 欠陥の作りこみを防ぐ。
- 故障や欠陥を発見する。
- ステークホルダーが意思決定できる、特にテスト対象の品質レベルについての十分な情報を提供する。
- (以前に検出されなかった故障が運用環境で発生するなどの)不適切なソフトウェア品質のリスクレベルを低減する。
- 契約上、法律上、または規制上の要件や標準を遵守する。そして/またはテスト対象がそのような要件や標準に準拠していることを検証する。

「**品質は、組織で取り組み、改善していく**」ものである。

次の6.3節では、「組織は何ができるか？」について解説する。

6.3　改善施策の策定の「やり方」

これまでODC分析の結果から示唆される「**改善策**」を実施することで、開発プロセス実施の「やり方の質」を改善していく、と述べてきた。

では、ここで言う「**改善策**」とは、どのようなものなのか？

「レビューを一生懸命やります」とか、「コード・インスペクションは、先輩に見てもらいます」というような個人の努力、精神論ではプロセス改善にはならない。

また、「こうして業務品質を○％向上させました」というような業務改善のサークル活動的なことを期待しているわけでもない。

となると、読者の方々にしてみると、ではどういう改善策を立てればよいのかと、はたと悩まれるかもしれない。そこで、筆者自身が主導した開発プロセス実施の「やり方の質」に対する改善策策定の目的とその方法論を紹介する。

6.3.1　DPP(Defect Prevention Process)[3]

　DPPは、不具合を分析して、その原因をプロセス実施の「やり方の質」に求めて、組織的にその「やり方の質」を改善するための検討方法と改善策策定方法として考案された「**不具合の再発防止プロセス**」である[3]。

　「**愚行とは、同じことを何度も繰り返しながら、違う結果を期待することである**」と肝に命じることである。

(1)　DPPの目的

　DPP考案の目的は、一度起こした不具合は、二度と繰り返さないようにすることにある。それには、実際に起きた不具合を分析して、原因となる開発プロセスの「やり方の質」に修正・改善をかけることである。

　開発プロセスの「やり方の質」の修正・改善は、一見当たり前のようではあるが、現実には以下のような理由で怠りがちになる。

　まず、「『覆水、盆に返らず』起きてしまったことに時間をかけるより、次の不具合を直すほうが大事」と現場オペレーションは後戻りを嫌う傾向があるからである。

　2つ目は「不具合の原因は、個人的要素が多分にあり、普遍的な解決策などない」という盲信のためである。裏を返すと、個人の能力に頼った開発になっていることの証といえる。もっと理論的、組織的開発に改革すべきである。

　3つ目は、「出荷後の不具合は、専門のサービス部門に任せて、次の開発に専念することのほうが、プライオリティが高い」という考え方に陥りがちだからである。

　そうしたことを改めて、もっと組織を有効に使って、お互いの品質改善、開発効率向上をめざそうというのが、DPPの志である。

(2)　DPPの概要

　DPPは、非常にシンプルな次の3つのステップで成り立っている。

　1)　なぜその不具合が起きたか考える。

　2)　どうしたら、その種の不具合が開発工程内で防げるか分析(Causal

Analysis：原因分析)する。原因分析においては、次の2つの観点で考え、再発防止策を策定する。

a)　現在、その種の不具合が他の構成コンポーネント、あるいは他製品に存在しないだろうか？　また、どうしたらそれが見つけられ、除去できるか？

b)　今後どうしたらその種の不具合の再発防止できるか？

3)　策定した再発防止策に、優先順位を付け、実施する。

優先順位は、次の観点で決める。

a)　実現性(実行可能か)

b)　有効性(どの程度の効果が見込まれるか)

(3)　DPPの対象

開発工程で発見されたすべての不具合を対象にするのは、無理がある。優先的に市場不具合で次の順番で対象を絞り、徐々に範囲を広げていくのがよい。

①　コード修正に至った不具合

最も重要な対象で、特に市場に漏れたことを重要視して、開発工程を改善して歯止めをかける必要がある。

②　開発工程後期のテスト(システムテスト)で発見された不具合

テスト工程で多くの不具合が発見された製品は、出荷後の不具合も多いことが知られている。特にテスト最終工程で発見された不具合の原因を知ることは、開発工程全体の改善に有効である。

③　対象範囲を広げる

①および②の改善策の効果を見きわめて、さらに対象範囲を統合テスト、コード・インスペクションと広げて行く。

①〜③の順番は、あくまでも経験則的に定めているだけで、こだわる必要はない。不具合の多い工程に対しては、どの工程であっても積極的に実施して行くのはよいことである。

⑷　DPPの構成要素

DPPの実施には、次の構成要素がある。

① 原因分析ミーティング(Causal Analysis meeting)

② 改善実施チーム(Action team)

③ 工程開始ミーティング(Stage Kickoff meeting)

④ アクションDB(改善実施データベース)

⑤ 再発防止DB

それぞれについて、以下に解説する。

① 原因分析ミーティング(Causal Analysis Meeting)

原因分析ミーティング(CAM)は、組織的な改善実施のきっかけを作る重要なミーティングである。DPPの原本[4]では、通常2週間に1回は開くこととなっている。

開発関係者が集まり、次のことを検討する(図6.13)。

1) その不具合が埋め込まれた理由

理由を明らかにする深度は、なぜなぜを3回繰り返すぐらいの気持ちで、原因を究明する。

2) どの開発工程で埋め込まれたか。

再発防止策の対象となる工程を特定するためである。どの工程で発見されたかよりも、どの工程でその原因が作られたかを特定することが重要である。

3) その種の不具合方のコンポーネント、他の製品でも起こっていないか。

改善策の適用範囲を検討するために、類似製品、関連プロジェクトを調査する。

4) 今後、どうしたらその種の不具合が再発しないようにできるか。

以上のようなことを検討して、改善策を策定する。

通常、改善策は1つではなく、さまざまな意見、観点を検討して複数策定されるべきものである。

原因分析ミーティングにおいては以下のことに注意する。

不具合の原因について個人の責任を追及しない。あくまで、誰にも起こり得

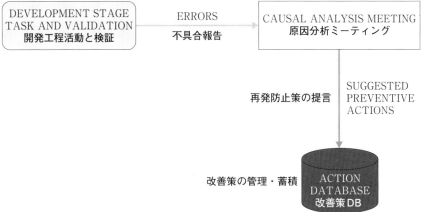

(出典)Experiences with Defect Prevention より(筆者による日本語訳と加筆)
図6.13　DPP原因分析ミーティング(Causal Analysis Meeting)[3]

るプロセス上の問題点として検討する。

　とはいえ、筆者としては、当人の反省も重要と考える。当人の育成の観点から指摘すべきことは指摘して、今後に活かしてもらいたい。

　このミーティングへの組織管理者の参加については意見の分かれるところではあるが、最終的に改善実施の判断は管理職にあり、組織として判断すべきである。

② 改善実施チーム(Action Team)

　改善実施チームは、原因分析ミーティングの結果得られた再発防止策・改善策を実施するチームのことである。

　開発リーダーが中心となることが望ましい。開発メンバーの他に、品質担当者、ツール担当者、企画担当者、マニュアル担当者などが必要に応じて加わる(図6.14)。

　改善実施チームの役割は、次のような活動である。

　1)　策定した改善策に対して優先順位をつける。

　　　優先順位をつけるにあたっては、緊急性、効果、容易性を考慮して、投

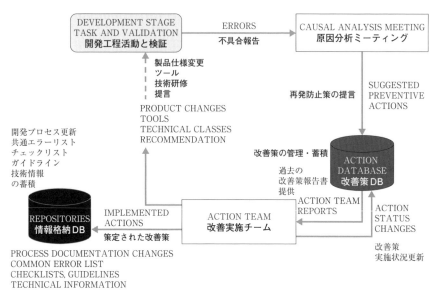

（出典）Experiences with Defect Prevention より（筆者による日本語訳と加筆）

図6.14　DPP改善実施チームとDB

資対効果比率を最大化するようにする。

2)　優先順位の高いものに対して、実施計画を策定し、担当者を決定する。

3)　実施計画を管理者の承認を得て、実施する。

実施状況と効果を把握し、適時管理者に報告する。

4)　改善策を実施した結果の効果を、報告書、論文などで組織内への水平展開を図る。

改善実施チームの運営においては、次のことに注意する。

管理者は、改善実施チームのメンバーが、ワークロードの15〜20%は、このDPP活動に費やせるよう配慮する。改善実施チームの活動は、メンバー全員は自主的に取り組むことが成功の秘訣で、無理強いをしてはいけない。

上位マネジメントは、改善実施チームの活動を十分に認知し、モチベーションを上げるよう激励する。

③ 工程開始ミーティング（Stage Kickoff meeting）

工程開始ミーティングは、開発工程の主要工程でのキックオフミーティング
で以下のことを、改善チームから発表する場である（図6.15）。

1) 前の製品やバージョンの不具合のフィードバック。
2) 前工程で発見された不具合に対するDPP改善策実施のフィードバック。
3) これから開始する工程でのDPP適用方法の説明。
4) この工程で起こりやすい不具合リストの配布など、工程改善位役立つ情
   報を提供する。

④ 改善実施データベース（Action DB）

原因分析ミーティングの議事、および改善実施計画、実施報告書を格納する
データベースが、改善実施データベースである。

管理項目に、次のような分類コードを付記すると、関係者の管理、検索に有
効である。参考までに、筆者の組織で実際に使用していたコードの一部例を以

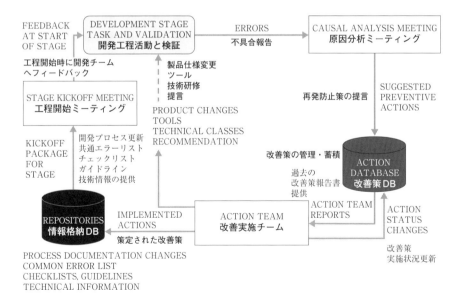

（出典）Experiences with Defect Prevention より（筆者による日本語訳と加筆）

図6.15　DPP工程開始ミーティング

下に示す。

セクションタイプ（原因分析ミーティングの種類）

INSP　：設計レビュー、コード・インスペクションでの不具合分析

PTR　：テスト工程での不具合分析

APAR：市場不具合の分析

……

不具合記述（分析対象の不具合情報）

不具合報告書の記述を使用する。

不具合分析工程（不具合の原因が作られた工程）

RP　　：要求分析、企画工程

PLD　：基本設計工程

CLD　：コンポーネント・レベル設計工程

MLD：モジュール・レベル設計工程

CD　　：コード工程

……

原因コード（不具合の原因）

EDNF　：教育-機能の理解不足

EDBC　：教育-ベース・コードの理解不足

COMM：情報共有、コミュニケーション不足

OVER　：見落とし-場合分け、状態遷移の考慮不足

……

対応状況コード（Status code）：（改善策策定状況）

NEW：新規改善

SCR　：改善案選別中

PBI　：不具合調査中

IMP　：改善策作英中

……

改善策内容：（改善策、改善計画の内容）

改善目的、改善内容、実施責任者、達成基準、実施スケジュールなど、具

体的な実施計画にする。

改善実施領域コード（Action Area code）：改善の対象領域

PROC ：開発プロセスの記述、実施項目、やり方の記述

TOOL ：ツールの指導

EDUC ：教育

PROD ：製品仕様の変更

……

小分類（Area-Category code：改善領域の小分類）

領域	カテゴリー	
PROC	PROCESS	：開発プロセスの記述
	METHOD	：プロセスのやり方の変更
	FVT	：機能テストのプロセス変更
	……	
TOOL	SIMULTR	：シミュレータ開発・変更
	CODECHK	：コード検証ツール
	PTR	：不具合管理システム
	……	

……

クローズ・コード（Close code）：（改善策の策定状況）

INEW ：新規改善策策定

IENH ：既存改善策の強化

ICOR ：既存改善策の問題点修正

RIMP ：今は現実的で無いので見送り

……

⑤　情報格納データベース（Repository）

④の改善実施データベースと分ける必要もないかもしれないが、情報の分離という意味で、区別して述べる。

次の情報、ドキュメントは、不具合の再発防止に有益なものなので、共有のデータベースに格納して、関係者全員が日常閲覧できるようにしておくとよ

い。また、更新があれば適時更新して、常に最新にしておくことが、有用性を
維持する意味で重要である。

1) 開発プロセスのガイド

正式な開発プロセス・ドキュメントは、たやすく改訂できないため、開
発プロセスに対する改善策、補足事項、修正記述などを組織に適用するガ
イドとして蓄積するとよい。

2) 共通エラーリスト(Common-error List)

工程ごとにどのようなことに気をつけるべきかをリストした文書。過去
の失敗、不具合に対して効果のあった対応策など現実的な施策をKnow-
How集として掲載する。

3) チェック・リスト

工程ごとに、注意すべきことの実施確認リストを用意して、再発防止に
役立てる。

4) 技術情報解説書

技術者にとって最も有用な情報で、日々有識者などに聞きたい情報。ハ
ードウェアの構造や、APIの解説書。あるいは、シミュレータの仕様上の
注意点、ツールの不具合情報など。

ここまで、開発組織内における開発工程でのDPP実施項目を説明したが、
さらに、DPPでは製品出荷後の市場不具合の改善も大きな適用対象となって
いる。原因分析ミーティングへの市場不具合情報も入力され、改善策が検討さ
れるようになっている(図6.16)。

以上、DPPの主旨と運用上の構成要素を、原本[3]に沿って解説した。

(5) DPP適用の効果[3]

このDPPによる再発防止プロセスの実施により、どのような効果、成果が
上がったかについて、プロジェクト平均値による実績データがある[3]。

図6.17は、DPP適用前と適用後の複数プロジェクトにおける、各工程での
不具合の発見数を、KLOC(プログラム・コード1000行)で割った値の平均値
をグラフにしたものである。換算による集計ではあるが、DPP適用による効

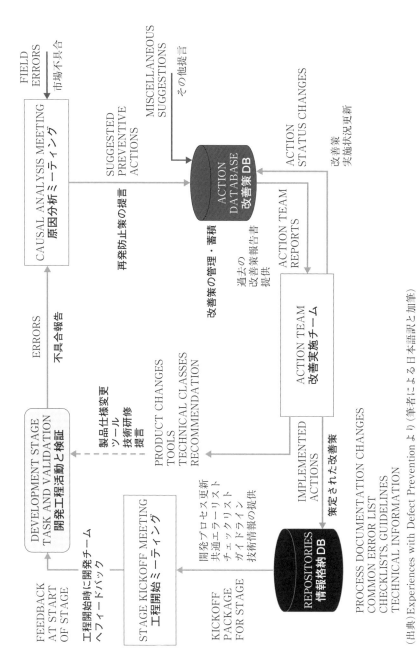

図6.16 DPP市場不具合への対応

(出典) Experiences with Defect Prevention より（筆者による日本語訳と加筆）

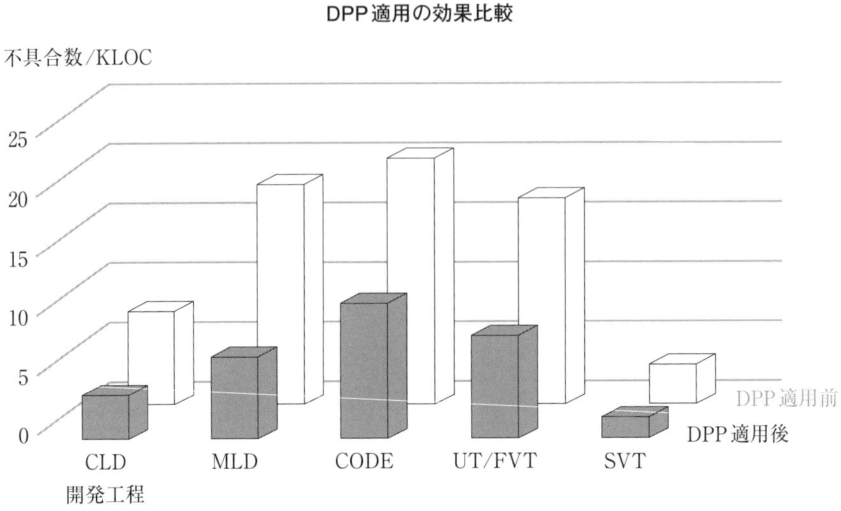

DPP適用の効果比較

不具合数/KLOC

25
20
15
10
5
0

CLD　　　　MLD　　　　CODE　　　UT/FVT　　　SVT

DPP適用前
DPP適用後

開発工程

（出典）Experiences with Defect Prevention より（筆者による日本語訳と加筆）

図6.17　DPP適用による開発工程内での不具合低減の効果

果が出ているのは明確にわかる。

6.3.2　CAPD+DPP：市場不具合に特化した改善プロセス

　筆者が、PCのOSの品質責任者であった当時、出荷後間もないPC搭載の新しいOSが、市場不具合の多さで顧客満足度の低下となり、大きな問題となっていた。筆者は、この市場不具合に対して、DPPの手法を応用することを考え、開発組織を挙げてこの問題を収束させることに取り組んだ。

　そのとき考案したDPPの応用手法が、CAPD+DPPである。

　このCAPD+DPPの目的は、ユーザーの声と開発プロセスを有機的に結びつけるための開発サイクルの確立にあった。そのサイクル設計の概念として今でもよく用いられる改善サイクルであるPDCAサイクルを、課題解決型に改良したCAPDサイクルを適用した。

　PDCAサイクルはPlan→Do→Check→Actだが、CAPDサイクルは、Check→Analysis→Prioritize→Doとした。

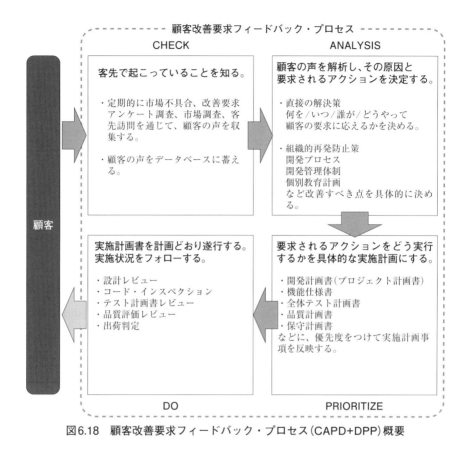

図6.18　顧客改善要求フィードバック・プロセス（CAPD+DPP）概要

　そして、DPPの構成要素と結びつけてCAPD+DPPサイクルとして設計した**顧客改善要求フィードバック・プロセス**を定義して実施した。

　このプロセスの全体構成を図6.18に示す（用語は一般化してある）。

(1)　顧客改善要求フィードバック・プロセスの位置づけ

　開発プロセスに対して、この顧客改善要求フィードバック・プロセスの位置づけは、図6.19のとおりである。

　図6.19が示すように、顧客改善要求フィードバック・プロセスからのアウト

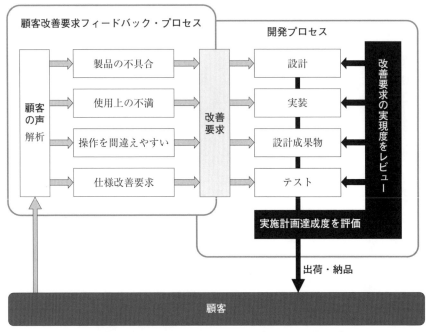

図6.19　顧客改善要求フィードバック・プロセスと開発プロセス

プットである開発プロセスへの改善要求は、単なる不具合の修正依頼ではない。これまで説明したDPPの主旨である、不具合を起こしたプロセス上の原因追究から得られた再発防止策によって開発プロセスの「やり方の質」を改善するための要求事項である。

　したがって、開発プロセスへの改善要求は、開発プロセスのすべての工程が検討対象であり、適用が必要な箇所は、特定の工程とは限らない場合が多い。

(2)　CAPD+DPP サイクルの構成要素

　このサイクルの構成要素は、DPPに習って次の2つの会議体と構成メンバーおよびログ格納DBからなっている。

①　CRB（Causal Review Board：原因調査会議）

　CRB（原因調査会議）は、DPPで定義されたCausal Analysis（原因分析）を目的とする会議体である。CRBでは、定期的にユーザーの声である、市場不具合、改善要望などを調査、分析して、対応が必要な事案に対して「原因は、何か？」「対応策は何か？」「誰が、いつまでに、対応するか？」を検討し、再発防止策を決定する。そして、議事録をボード・ログDBに格納する。

②　KRB（Kickoff Review Board：改善要求適用会議）

　開発プロジェクトの開始（キックオフ会議など）に際して、ログDBに格納されている対応策を再検討、更新して、プロジェクトのキックオフ会議にて、開発プロセス改善要求を提示する。

1)　ボード・メンバー（会議体構成メンバー）

　CRB、KRBを構成するメンバーは、ともに次の部署の担当者である。

- **製品・サービス企画**：会議の議長であり、改善要求の取りまとめを行う。
- **営業**：実際にユーザーと接している担当営業、サポート部門、ホット・ライン部門の担当者で、問題提起および解決策の妥当性評価を行う。
- **開発**：技術的問題解析とその解決策を提案する。
- **品質**：解決策の妥当性評価と改善実施のトラッキング。

2)　ボード・ログDB（会議議事録格納DB）

　CRB、KRBの議事録を格納する共有DBのことである。問題解決、改善策策定のKnow-Howの蓄積と水平展開を目的とする。

(3)　運用フロー

　CAPD+DPPサイクルの運用フローは、図6.20に示す。

　CRBとKBR2つの会議体は、ボード・ログDBで結ばれて、運用される。

(4)　顧客改善要求フィードバック・プロセスの全体像

　CAPD+DPPサイクルを取り入れた市場不具合の対応に特化した顧客改善要求フィードバック・プロセスの全体像は、図6.21のとおりである。

　迅速な市場不具合への対応と顧客満足度向上のため、市場調査のCRBは、

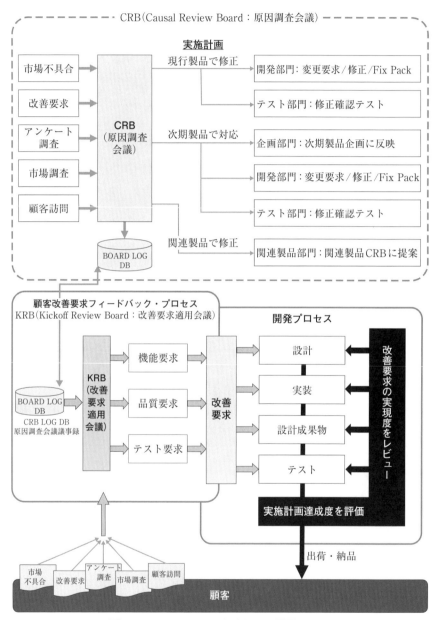

図6.20　CAPD+DPPサイクルの運用フロー

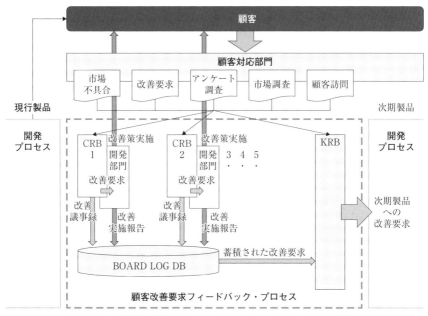

図6.21　顧客改善要求フィードバック・プロセスの全体像

少なくとも月に1回は開催すべきである。

　以上、不具合を分析してプロセスの改善策策定・実行を推進するDPP（Defect Prevention Process）のコンセプトと、そこから市場不具合への対応拡張したCAPD+DPPサイクルとその実装プロセスである顧客改善要求フィードバック・プロセスについて、解説した。

(5)　ODC分析とDPPのつながり

　ここまで読んで来られた読者の多くの方は、このDPPのコンセプトは、実はODC分析のコンセプトと相似しており、親和性のあることに気づかれたのではないかと思う。

　多くの紙面を割いてDPPについて述べたのは、その親和性に理由がある。

　DPPとODC分析は、共通の目的を持って考案された。その目的とは、開発プロセスの実施の「やり方の質」を向上させて、工程内での不具合を低減して

187

（**Defect Control**：不具合の抑制）、プロジェクトの計画どおりの健全な推移を図ることである。その結果、開発コスト削減、予定どおりの出荷、引いては高品質の製品・サービスを持って、顧客満足度の向上をめざすことができているのである。そのため、DPPとODC分析は、IBM社内において2つで1つと認識されており、次のように定義づけられた。

> • DPP：不具合分析による開発プロセス改善を図る**分析プロセス**
> • ODC分析：DPPの不具合分析を理論的に効果的に実践する**分析方法論**

　したがって、読者の方々にとって、ODC分析を理解し実践するうえで、効果的な改善施策策定と組織内への適用・定着するための方法論がDPPである。

　余談になるが、ここでこのODC分析とDPPが結びつく過渡期に、当事者として立ち会えた筆者の両者との関わりに触れたい。

　ODC分析が世の中に紹介される2年前、1990年の*IBM System Journal*新年号巻頭でDPP（Defect Prevention Process）[3]が掲載された。その有用性を感じた筆者は、早速業務に取り込み、事例を重ねて効果を把握して、研究所内の品質委員会でDPPガイドを作成して社内への展開を主導した。

　その成果をニューヨークでの社内論文大会でCAPD+DPPとして発表したことが、実は筆者とODC分析を結びつけるきっかけとなった。論文発表当日、会場にいたDPPの発案者のDr. R. Maysに紹介されたのが、同じくODCの論文発表を予定していたODC分析の発案者Dr. R. Chillaregeとの出会いである。

　当時、DPPの実施には、結構な時間と人員を要して、不具合分析によい分析方法論はないかと探していたR. Maysの目に止まったのがR. ChillaregeのODC分析理論であった。すぐに両者と手法化の話となり、筆者も参加したODC分析の手法化タスクが開始され、ODC分析の社内展開が図られた。

　このような経緯から、ODC分析とDPPは2つで1つのプロセス改善手法となったのである。

6.4 「利用時の品質」のODC分析への取り込み

6.1.2項で、妥当性検証について、以下のように述べ、ユーザーの立場に立った検証の必要性について触れた。

> 仕様どおりにソフトウェアが作れても、ユーザーに受け入れられないと意味がない。

この「ユーザーの立場に立って」論は、PCが普及し始めた1980年代後半頃から議論されて来ているが、依然としてはっきりしない部分が多い。

「ユーザーの立場に立って」の設計・検証論には、昨今「利用時の品質」と呼ばれて、次の2つのアプローチがあるように筆者には見える。

1) 品質特性として捉える
2) 行動特性として捉える

として、研究が進められてきている。

1)の品質特性として捉えることの代表的なものがISO/IEC 25000シリーズであり、2)の行動特性として捉えることについては、UX(User Experience)、HCD/UCD(Human/User Centered Design)などであると考える。

いずれのアプローチも、「利用時の品質」として定義しているところは同じである。

この「利用時の品質」をODC分析でどのように分析・評価するかは、筆者自身まだ研究段階ではあるが、最も分析・評価に結びつけて考えやすいのは、ODC分析のインパクト属性であると考えている。

ではここで、設計工程でいかに「利用時の品質」を設計に取り込んでいるかが分析・評価でき、テスト工程、特にシステムテストで「利用時の品質」の実現度合いが検証できるかに絞ってのアプローチを紹介する。

それには、まずソフトウェア工学的に「利用時の品質」を現在世の中でどう捉えているかを見てみる。

6.4.1　製品品質モデルと利用時品質モデル

3.9節の【事例研究9】で触れたが、ソフトウェア工学的に「利用時の品質」
を品質特性はISO/IEC 25010：2011 Systems and Software Quality Require-
ments and Evaluation(SQuaRE)で定義されている。

そこでは**製品品質モデル**と**利用時の品質モデル**と大きく2つの品質モデルを
定義している(図6.22、図6.23)。

(1)　ISO/IEC 25000 シリーズでの品質の定義

ISO/IEC 25000シリーズ(通称SQuaRE)では、品質は、次のように定義され
ている。

システムあるいはソフトウェアの品質：
明示された状況下で使用されたとき、明示的ニーズ及び暗黙のニーズをソフ
トウェア製品(システム)が満足させる度合い(SQuaRE 25010 品質モデル)。

品質要求：製品に必要な品質要求は、品質モデルと品質測定量を用いて、
　　　　　　品質特性及び品質副特性毎に定義するとよい(SQuaRE 25030
　　　　　　品質要求)。

品質は、次の3視点から要求・測定・評価すべきである。

内部品質：仕様書などのレビューにより測定・評価できる静的な品質
　　　　　　(SQuaRE 25023製品品質測定)。

外部品質：システムとしての動作により測定・評価できる動的な品質
　　　　　　(SQuaRE 25023製品品質測定)。

利用時の品質：製品を利用したとき利用者その他の利害関係者への影響に
　　　　　　より測定・評価できる品質(SQuaRE 25022利用時の品質
　　　　　　測定)

SQuaREでは、品質についてのこの定義にもとづいて、「品質要求形成から
開発工程での品質の実装を経て利用時の品質形成に至る」と説いている。この
ことを筆者は**「品質の変容」**と表現している。これについては、6.4.2項でも述

図6.22 製品品質モデル (ISO/IEC 25010)

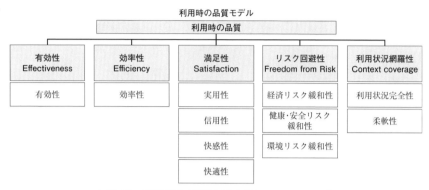

図6.23　利用時の品質モデル（ISO/IEC 25010）

べる。

さて、SQuaREでは、この**「品質の変容と捉え方」**を品質のライフサイル・モデルとして図6.24のように示している。

6.4.2　「利用時の品質」を「製品品質」に結びつけるアプローチ

「利用時の品質」を品質特性として定義したSQuaREでは、開発工程で「利用時の品質」の実装度合いを計測する事を提唱している。

SQuaREでいう製品品質モデル（図6.22）は、これまでも定義されてきた品質特性、あるいは機能要件と非機能要件と捉えれば、開発への取り込みにおいては親和性が高いと考える。

しかし、「利用時の品質」モデルについては、改めて定義されると、一見新しく追加の品質特性ができたかのように見える。この点こそが、図6.22にある品質を見る観点の違いを意味し、SQuaREで明らかにしたかった点ではないかと考える。

筆者が図6.22の品質のライフサイクル・モデルを**「品質の変容と捉え方」**と表現したのは、このことである。

辞書によると、**変容**（Transformation）とは、「外見や様子などが変わること」である。「品質の変容」についていえば、さらに「本質は変わらず」という言葉を加えて、筆者は次のように表現したい。

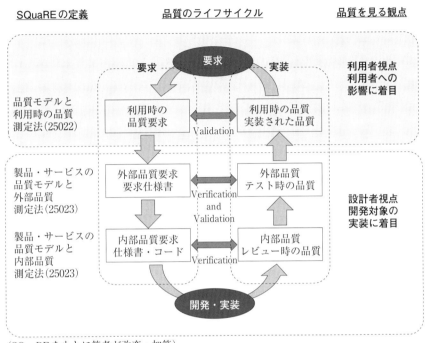

SQuaREの定義　　　　　　品質のライフサイクル　　　　品質を見る観点

（SQuaREをもとに筆者が改変・加筆）

図6.24　品質のライフサイクル・モデルと品質観点

品質の変容：Quality transformationとは、要求する品質の本質は変わらずとも、具現すべき要求する品質の形態は、開発工程、開発者、検証者によって見え方が変わっていくことである。具体的には品質メトリクスに姿を変えていること。

こう考えれば、「利用時の品質」と「製品品質」は、一脈通じるものがある。

例えば、筆者がこの「品質の変容」についてよく引き合いに出す事例として、次のような自動車のドアの開閉の話がある。

ユーザー要求として「坂道で止まっているとき、ドアを開けたときの開け具合を保持してほしい」とあったとする。確かに雨の降る日に、坂道で停車して、ドアを開けて傘をさそうとしたときに、ドアが自重で戻ってくるのは不愉

快なものである。このユーザー要求は、「利用時の品質」としての表現であると考える。

　では、このユーザー要求に対する「製品品質」としての設計要求はどうなるだろうか。簡単な仕様にすると、

1)　基本設計の「製品品質」は、傾斜角8°でも、ドアは所定の開状態を保持する。

2)　詳細設計では、ドアは、荷重xxKgに耐えられるバネ強度にする。

3)　機能テストでは、ドア開閉バネは、xxKgの荷重まで不動であること。

4)　システムテストでは、実際に車体を最大8°傾斜させて、ドアが戻ってくる負荷荷重xxKgまで保持さていること。

となる。

　このように、「坂道でもドアは開いていてほしい」という要求、すなわち「利用時の品質」特性でいう、**満足性-快適性**の要求品質は、設計・テスト工程では、傾斜8°、荷重xxKgという数値化された計測可能なメトリクスに変換される。すなわち、満足性-快適性の要求品質は「製品品質」でいう**機能適合性-機能適切性**、および**使用性-適切度認識性**として捉えることができる。

　つまり求めるものが同じ品質要求であっても、要求時、設計時、テスト時での品質要求を表す表現(メトリクス)は変容していくのである。しかし、同じ品質目標をめざしていることに変わりはない。

　以上のことから、「利用時の品質」を「製品品質」に計測可能なメトリクスを介して、おおむね図6.25に示すような結びつきが成り立つと考える。

　例えば、利用者の**作業効率**が重要なシステムを開発する場合、「利用時の品質」として、**効率性**を高める必要がある。そうすると、「製品品質」では、システムの動作として**性能効率性**が要求される。かつ、作業のしやすさとして**使用性**の向上が要求される。

　このように、利用時の品質要求は製品品質に紐づけて考えることができる。

　つまり、要求分析および基本設計工程で「利用時の品質」要求が適切に抽出できていれば、「製品品質」要求に紐づけることができ、「利用時の品質」要求を含めたメトリクスの策定が可能となる。

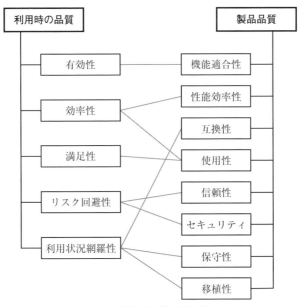

図6.25 「利用時の品質」と「製品品質」との結びつき

　そうすると、以降の設計・テスト工程では、通常どおりに開発プロセスに則って「製品品質」メトリクスによる検証作業を進めれば、結果的に「利用時の品質」要求のメトリクスも検証できている、ということになる。

6.4.3 「利用時の品質」に対するODC分析の対応
⑴　ODC不具合属性：インパクト（Defect Impact）
　2.5.5項「ODC不具合属性：インパクト属性（Defect Impact）」において、次のように説明した。
　発見された不具合が、お客様(ユーザー)にどのような影響を与えているかを示すのが、インパクト属性である。
- 不具合によって引き起こされるお客様への影響度合い
- この不具合の分類は、お客様側に立って評価すべきで、レビューア、テスターがふさわしい。

　オリジナル[1]のODC分析では、インパクト属性の副属性について表6.1（表2.8の再掲載）にあるように定義している。

　一見、品質特性の非機能要件のように見えるとおりで、オリジナルのODC分析では、当時のIBM社内で推進していた顧客満足度向上のためのインデックスを採用している。そのことから、このインパクト副属性の定義は、企業や組織で規定している品質特性あるいは品質目標から引用して、対象とする製品開発の特徴に合わせて定義し直しても問題はない。あるいはこれまで説明してきた「利用時の品質」特性を含めたISO/IEC 25010：SQuaREで検討してみるのがよいと考える。

(2)　ODC分析のインパクト属性とSQuaRE品質モデルとの関係付け

　ODC分析でのインパクト属性の定義（表6.1）に従って、インパクト副属性をSQuaREの「製品品質」モデルにマップしてみると、図6.26のように関連付け

表6.1　インパクト副属性の一覧（表2.8の再掲載）

インパクト副属性	説明
Usability（使用性）	理解のしやすさ、エンド・ユーザーへの受け入れやすさ
Performance（性能）	知覚できる処理の速さ、迅速な業務完了能力
Reliability（信頼性）	常に期待したとおりの機能が、確実に（障害などが起こらず）実行できる能力
Installability（導入容易性）	使おうと思うときに、すぐに導入でき、使える状態になる能力
Migration（移行容易性）	既存のデータや操作性に影響なく、新しいバージョンへの移行のしやすさ
Maintainability（保守性）	保守のしやすさ、他への影響の少なさ
Documentation（記述性）	マニュアルなどの記述が、ユーザーにとっての読みやすさ、理解しやすさの度合い
Availability（可用性）	使いたい機能が、支障なくいつでの使える度合い
Integrity/Security（保全性・セキュリティ）	不注意や故意による行為による破壊、改ざん、漏えいからシステムを守る能力
Standard（標準化）	関係する標準への準拠
Capability（機能性）	期待する機能が実行可能なこと

（出典）Orthogonal Defect Classification – A concept for In-process Measurementより（筆者による日本語訳と加筆）

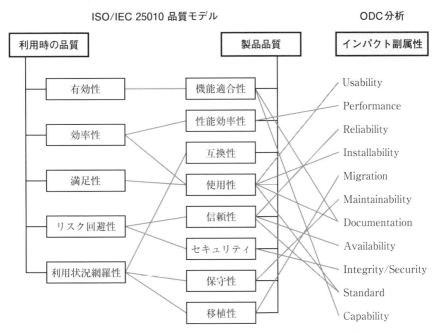

図6.26　インパクト属性とSQuaRE品質モデルとの関連づけ

ることができる。

　この関係づけを利用すれば、「利用時の品質」要求を「製品品質」要求に変換して、「製品品質」モデルを属性化して、ODC分析のインパクト属性分析が可能となる。あるいは、「製品品質」要求をインパクト属性に対応づけることで、オリジナルのインパクト属性分析が可能になる。

　いずれの場合も、開発対象ごとにこの関係づけの妥当性を検証してから適用すべきではあるが、インパクト属性分析の1つの有効なアプローチと考える。

　まだ研究段階ではあるが、「利用時の品質」に対するODC分析の対応について、筆者の考えるアプローチを紹介した。

あとがき

　ODC分析を広くソフトウェア開発に携わる方々に知っていただき、実務に役立てていただきたいという趣旨で本書を執筆した。本書では、ODC分析のコンセプトと事例を通しての分析・評価の理論、その背景にある開発プロセスについての考え方を解説している。

　さて、ここまで読み進めていただいた読者の方々の多くもお気づきになられたと思うが、筆者自身も本書を書き進めながら改めて感じたのは、ソフトウェア開発における開発プロセスの役割の重要性である。これは、ソフトウェア開発業務の遂行においては、「開発プロセスをいかに自身の中で正しく理解し、咀嚼して行動に移せるようになっているか」が業務遂行の「質」として常に問われていることを意味している。

　そうした開発プロセスの重要性をより伝えたいという思いから、本書の第6章が予想以上にボリュームが増えてしまった。一重に少しでも筆者の実体験から言うところの開発プロセスの「心」を理解することが、開発プロセス実施の「やり方の質」を向上させることにつながるということを、読者の方々と共有したいという思いからであることを、ご理解いただきたい。そうした筆者の思いは、ODC分析の考え方の理解を深めることで、開発プロセスの「心」を相対的に理解することに通じるとも考えている。

　また、本書は、筆者が習得したオリジナルのODC分析の分析手法、評価理論をもとに、これまでの適用経験を加味して執筆しているが、筆者自身まだまだODC分析には研究の余地があると考えている。言葉を変えると、開発形態、開発技術の変化に対応して、成長する分析手法ともいえる。

　そこで、読者の方々には、まずは本書にあるオリジナルの考え方に沿って実施してみてその効能を見きわめることをお勧めする。そしてある程度の習熟を

積んだうえで、定型的な分析にこだわらず、あらゆる角度からの見方をしてみ
ると、また新たな発見があるかもしれないと考えている。分析手法に応用を利
かせるのは、先走らず、そうした習熟を積んでからがしかるべき時期である
と、これまでの経験から実感している。まずは、実務で本書を活用されること
を期待している。

　本書の執筆にご協力いただいた共著者の佐々木方規氏とは、日本科学技術連
盟でのODC分析研究会発足準備期からのソフトウェア開発改革の志を同じく
する同士であり、本書執筆のきっかけを作ってくれたODC分析普及の朋友で
ある。

　ODC分析に興味があり、また実務での実践を目指す方は、下記にある日本
科学技術連盟SQiP ODC分析研究会にご連絡いただければ幸いである。

　　　SQiP ODC分析研究会
　　　https://www.juse.or.jp/sqip/odc_workshop/
　　　一般財団法人 日本科学技術連盟　SQiP担当
　　　sqip@juse.or.jp

2020年7月

　　　　　　　　　　　　　　　　　　　　　　杉崎　眞弘

参考文献

[1] Ram Chillarege Inderpal S. Bhandari, Michael J. Halliday, etc.："Orthogonal Defect Classification - A concept for In-process Measurement", *IBM Thomas J. Watson Research Center IEEE Transactions on Software Engineering*, Vol.18, No.11, Nov. 1992.

[2] "Orthogonal Defect Classification v 5.2 for Software Design and Code 2013"（This document is made available for general interest and information purpose only. IBM assumes no responsibility for its usage.）, IBM.

[3] R. Mays, C. Jones, G. Holloway, and D. Studinski："Experiences with Defect Prevention", *IBM Systems Journal*,vol. 29, no.1, 1990.

[4] *A GUIDE FOR SYSTEM LIFE CYCLE PROCESSES AND ACTIVITIES, SYSTEMS ENGINEERING HANDBOOK V.3（INCOSE-TP-2003-002-03. June 2006）/V.4.（INCOSE-TP-2003-002-04 2015), INCOSE（International Council on Systems Engineering）*

[5] ISO/IEC/IEEE 15288 Systems and software engineering-System life cycle processes.

[6] ISO/IEC 250XX Series（SQuaRE）：ISO/IEC 25010：Systems and Software Quality models.

[7] Software Testing Qualifications Board（JSTQB）：「ISTQBテスト技術者資格制度 Foundation Level シラバス 日本語Version 2018.J02」
http://jstqb.jp/dl/JSTQB-SyllabusFoundation_Version2018.J02.pdf

索　引

著者紹介

杉崎眞弘(すぎさき まさひろ)　執筆担当：第1〜2章、3.1〜3.10節、第4〜6章

　長年、日本アイ・ビー・エム株式会社大和研究所にて中小型システムからPC、組込みシステムに至るシステムのOSおよびアプリケーション製品の品質保証に従事。ソフトウェア品質保証部門長として、品質検証、製品発表／出荷判定責任者のみならず、ODC分析、DPPなど品質検証技術、開発プロセス改革、開発手法導入を主導した。

　IBM定年後、独立行政法人情報処理推進機構(IPA)にて海外連携研究員として、ドイツ・フラウンホーファ研究所とIndustrie4.0およびそれを支えるシステムズエンジニアリング技術の日本への紹介・導入事業を3年間担当した。

　IPA退任後、独立してソフトウェア開発のコンサルティング事業を生業とする傍ら、品質研究団体活動を行っている。

　日本科学技術連盟ODC分析研究会運営委員、一般社団法人 UX設計技術推進協会理事。

佐々木方規(ささき まさき)　執筆担当：3.11節

　1985年、株式会社CSK(SCSK株式会社)に入社後、エミュレータのソフトウェアテストを担当。2000年、株式会社ベリサーブの分社化に伴い転籍後、テストの技術開発部門およびソフトウェアテスト・サービスの品質保証部門を設立し、現在に至る。

　日本科学技術連盟ODC分析研究会運営委員長、JSTQB(Japan Software Testing Qualifications Board)技術委員会委員長などを歴任。主な著作に、『ソフトウェアテスト教科書 JSTQB Foundation』(翔泳社)がある。

ソフトウェア不具合改善手法ODC分析
―工程の「質」を可視化する―

2020 年 8 月 29 日　第 1 刷発行
2023 年 6 月 12 日　第 3 刷発行

編　者	日科技連ODC分析研究会
著　者	杉崎　眞弘　佐々木方規
発行人	戸羽　節文

発行所　株式会社 日科技連出版社

〒 151-0051　東京都渋谷区千駄ケ谷 5-15-5
DS ビル

電　話　出版　03-5379-1244
　　　　営業　03-5379-1238

印刷・製本　壮光舎印刷

検　印
省　略

Printed in Japan